农村生活污水
处理技术评估研究及应用

沈晓笑　黄德春　邵雅璐　张长征　黄国情◎著

河海大学出版社
HOHAI UNIVERSITY PRESS

内容提要

农村生活污水处理技术种类多样,技术评估还处于起步阶段,缺乏可用于指导实践的完善的理论体系和系统性的研究。本专著从农村生活污水处理典型技术研究出发,分析了农村生活污水处理项目的属性与特征,建立了农村生活污水处理技术评估方法,设计了农村生活污水处理管理机制。最后,将研究成果应用于G区农村生活污水处理项目中,推动了农村生活污水处理技术研究成果的应用。

图书在版编目(CIP)数据

农村生活污水处理技术评估研究及应用/沈晓笑等著. — 南京:河海大学出版社,2018.12(2019.5重印)
 ISBN 978-7-5630-5785-6

Ⅰ. ①农… Ⅱ. ①沈… Ⅲ. ①农村—生活污水—污水处理—技术评估 Ⅳ. ①X703

中国版本图书馆 CIP 数据核字(2018)第 277509 号

书　　名	农村生活污水处理技术评估研究及应用
书　　号	ISBN 978-7-5630-5785-6
责任编辑	江　娜　曾雪梅
特约校对	张　堃
封面设计	徐娟娟
出版发行	河海大学出版社
地　　址	南京市西康路1号(邮编:210098)
电　　话	(025)83737852(总编室)　(025)83787156(编辑室) (025)83722833(营销部)
经　　销	江苏省新华发行集团有限公司
排　　版	南京布克文化发展有限公司
印　　刷	虎彩印艺股份有限公司
开　　本	787 毫米×960 毫米　1/16
印　　张	10
字　　数	196 千字
版　　次	2018 年 12 月第 1 版
印　　次	2019 年 5 月第 2 次印刷
定　　价	48.00 元

前　言

2018年中央一号文件聚焦乡村振兴战略。乡村振兴，生态宜居是关键，而农村生活污水处理又是生态宜居的重要组成部分。《水污染防治行动计划》和《关于全面推行河长制的意见》等一系列国家水环境保护制度和规定的出台，把我国水环境保护、治理和管理推向前所未有的新高度。农村的生活污水处理还是目前环境治理的一道难题。受居住条件、生活方式、经济发展程度等多方面因素的影响，农村生活污水已经成为潜在的污染难题。

"十二五"期间（截至2015年底），我国中央财政累计安排农村环保专项资金315亿元，支持7.8万个建制村完成环境综合整治，占建制村总数的13%，建成生活污水处理设施24.8万套，农村生活污水处理率达22%。《全国农村环境综合整治"十三五"规划》明确指出，到2020年，新增完成环境综合整理的建制村13万个，农村生活污水处理率达60%。我国农村地域广阔，居住地分散，离城镇市政管网较远，相应的环保基础设施建设比较滞后。一些在城市应用得较成熟或先进的污水处理技术，由于较低的农村生活污水纳管率以及处理技术本身涉及的维护、运行费用和操作管理要求等因素，不一定能在农村适用。因此，对农村生活污水处理技术做出科学合理的技术评估并进行相应的推广应用研究，将有助于农村生活污水处理项目的建设与运行。

本专著分别从技术、经济、管理、环境与生态五个维度，对制度建立情况、专业人员情况、运行经费来源情况、农户满意度情况、运行负荷率、直接运行成本、综合运行成本、废弃物处置费用、化学需氧量去除率、氨氮去除率、总氮去除率、总磷去除率、出水达标率、操作难易、技术成熟度、抗水力冲击负荷、抗污染物冲击负荷、污泥处理情况、噪声控制指标、气味控制指标、尾水回用指标、生物多样性指标、美丽乡村建设情况共23个指标进行评价。本专著从农村生活污水水质特征、运行管理水平、适用范围角度出发，系统研究农村生活污水典型处理技术，分析农村生活污水处理项目属性与特征，发现目前农村生活污水处理技术和管理中存在的薄弱环节，并对农村生活污水处理技术做出科学合理的评估，从而促进农村生活污水处理项目运行效率和运行效果的提高，改善农村生活居住环境。本专著选取农村生活污水典型处理技术，采用层次分析法、PROMETHEE等模型方法进行科学技术评估，具有重要的理论意义。围绕农村生活污水处理技术所进行的理论、方法和技术评估的探讨，对于改善农村水环境和提高农村居民的生活健康水平也具有重要的现实意义。

本专著第一作者沈晓笑为河海大学农业工程学院博士后，南方地区高效灌排与农业水土环境教育部重点实验室农业水土环境保护理论与技术方向团队主要研究成员。本专著第三作者邵雅璐现就读于武汉大学水利水电学院。本专著的相关成果得到了河海大学中央高校基本科研业务费项目（2019B18314、2017B20414、2018B42614）、江苏省重点研发计划（BE2015705）、2018年度南京市水务科技项目计划（灌区防控农田氮素流失的工程化和水肥耦合技术研究与应用）等的资助，在此深表感谢！

目 录

第1章 绪论 ··· 001
  1.1 研究背景与问题提出 ·· 001
    1.1.1 研究背景 ·· 001
    1.1.2 问题的提出 ··· 002
  1.2 研究目的与意义 ·· 003
    1.2.1 研究目的 ·· 003
    1.2.2 研究意义 ·· 004
  1.3 国内外研究进展 ·· 004
    1.3.1 农村生活污水特征 ·· 004
    1.3.2 农村生活污水处理技术研究进展 ·························· 005
    1.3.3 农村生活污水处理项目机制的研究进展 ················· 007
    1.3.4 国内外研究的不足 ·· 012
  1.4 研究内容、方法及创新点 ·· 013
    1.4.1 研究内容 ·· 013
    1.4.2 研究方法 ·· 013
    1.4.3 主要创新点 ··· 014

第2章 农村生活污水处理典型技术研究 ························· 015
  2.1 厌氧生物膜处理技术 ·· 015
    2.1.1 技术简介 ·· 015
    2.1.2 适用范围 ·· 015
    2.1.3 经济指标 ·· 016
    2.1.4 技术指标 ·· 016

  2.1.5　环境指标 …………………………………………………… 016
  2.1.6　生态指标 …………………………………………………… 016
  2.1.7　管理指标 …………………………………………………… 016
 2.2　脉冲多层复合滤池处理技术 ………………………………………… 016
  2.2.1　技术简介 …………………………………………………… 016
  2.2.2　适用范围 …………………………………………………… 017
  2.2.3　经济指标 …………………………………………………… 017
  2.2.4　技术指标 …………………………………………………… 017
  2.2.5　环境指标 …………………………………………………… 017
  2.2.6　生态指标 …………………………………………………… 017
  2.2.7　管理指标 …………………………………………………… 018
 2.3　垂直流＋水平流组合湿地处理技术 ………………………………… 018
  2.3.1　技术简介 …………………………………………………… 018
  2.3.2　适用范围 …………………………………………………… 018
  2.3.3　经济指标 …………………………………………………… 018
  2.3.4　技术指标 …………………………………………………… 018
  2.3.5　环境指标 …………………………………………………… 019
  2.3.6　生态指标 …………………………………………………… 019
  2.3.7　管理指标 …………………………………………………… 019
 2.4　厌氧＋人工湿地处理技术 …………………………………………… 019
  2.4.1　技术简介 …………………………………………………… 019
  2.4.2　适用范围 …………………………………………………… 019
  2.4.3　经济指标 …………………………………………………… 020
  2.4.4　技术指标 …………………………………………………… 020
  2.4.5　环境指标 …………………………………………………… 020
  2.4.6　生态指标 …………………………………………………… 020
  2.4.7　管理指标 …………………………………………………… 020
 2.5　A/O＋人工湿地处理技术 …………………………………………… 020
  2.5.1　技术简介 …………………………………………………… 020

2.5.2　适用范围 …………………………………………………… 020
　　2.5.3　经济指标 …………………………………………………… 021
　　2.5.4　技术指标 …………………………………………………… 021
　　2.5.5　环境指标 …………………………………………………… 021
　　2.5.6　生态指标 …………………………………………………… 021
　　2.5.7　管理指标 …………………………………………………… 021
2.6　SBR＋物化除磷处理技术 …………………………………………… 022
　　2.6.1　技术简介 …………………………………………………… 022
　　2.6.2　适用范围 …………………………………………………… 022
　　2.6.3　经济指标 …………………………………………………… 022
　　2.6.4　技术指标 …………………………………………………… 022
　　2.6.5　环境指标 …………………………………………………… 022
　　2.6.6　生态指标 …………………………………………………… 023
　　2.6.7　管理指标 …………………………………………………… 023
2.7　膜处理技术 …………………………………………………………… 023
　　2.7.1　技术简介 …………………………………………………… 023
　　2.7.2　适用范围 …………………………………………………… 023
　　2.7.3　经济指标 …………………………………………………… 024
　　2.7.4　技术指标 …………………………………………………… 024
　　2.7.5　环境指标 …………………………………………………… 024
　　2.7.6　生态指标 …………………………………………………… 024
　　2.7.7　管理指标 …………………………………………………… 024
2.8　本章小结 ……………………………………………………………… 024

第3章　农村生活污水处理项目属性与特征 …………………………… 025
3.1　农村生活污水处理项目属性分析 …………………………………… 025
　　3.1.1　项目准公共属性 ……………………………………………… 025
　　3.1.2　项目经济属性 ………………………………………………… 027
　　3.1.3　项目社会与生态环境属性 …………………………………… 028

3.2 农村生活污水处理项目特征 ·· 030
3.2.1 以政府出资为主，运行成本高、收益低 ·········· 030
3.2.2 项目多目标交织 ·· 031
3.2.3 项目多主体冲突 ·· 032
3.3 农村生活污水处理项目主体分析 ······································ 033
3.3.1 农村生活污水处理项目主体界定 ·········· 034
3.3.2 农村生活污水处理项目主体定位 ·········· 036
3.3.3 农村生活污水处理项目主体分类 ·········· 039
3.4 农村生活污水处理项目主体行为分析 ························ 041
3.4.1 政府部门行为 ··· 041
3.4.2 第三方技术服务公司行为 ··························· 042
3.4.3 农户行为 ··· 043
3.4.4 社会组织行为 ··· 044
3.5 农村生活污水处理项目博弈分析 ······································ 046
3.5.1 问题描述 ··· 046
3.5.2 模型分析 ··· 048
3.5.3 博弈过程的仿真分析 ······································· 050
3.6 本章小结 ·· 056

第 4 章 农村生活污水处理技术评估 ·· 057
4.1 农村生活污水处理项目四种模式分析 ························ 057
4.1.1 农村生活污水处理项目四种模式简介 ·········· 058
4.1.2 农村生活污水处理项目四种模式优缺点分析 ········ 062
4.2 农村生活污水处理项目国外经验借鉴 ························ 064
4.2.1 国外农村生活污水处理项目经验总结 ·········· 064
4.2.2 国外农村生活污水处理项目经验汲取 ·········· 069
4.3 农村生活污水处理技术评估方法 ······································ 070
4.3.1 农村生活污水处理技术评估思路 ·········· 070
4.3.2 农村生活污水处理技术评估的指标体系 ········ 072

4.4　农村生活污水处理技术评估模型演算 ·············· 080
　　　　4.4.1　PROMETHEE Ⅰ 模型演算 ·············· 080
　　　　4.4.2　PROMETHEE Ⅱ 模型演算 ·············· 081
　　4.5　本章小结 ·············· 084

第5章　农村生活污水处理管理机制研究 ·············· 085
　　5.1　农村生活污水处理机制设计框架 ·············· 085
　　　　5.1.1　农村生活污水处理机制设计目标 ·············· 085
　　　　5.1.2　农村生活污水处理机制设计原则 ·············· 086
　　　　5.1.3　农村生活污水处理机制设计内容 ·············· 087
　　5.2　农村生活污水处理参与机制 ·············· 089
　　　　5.2.1　农村生活污水处理参与设计思路 ·············· 090
　　　　5.2.2　农村生活污水处理参与形式 ·············· 094
　　　　5.2.3　农村生活污水处理参与保障 ·············· 098
　　5.3　农村生活污水处理运行管理机制 ·············· 100
　　　　5.3.1　农村生活污水处理管理机制的设计思路 ·············· 100
　　　　5.3.2　政府指导污水处理费定价机制 ·············· 101
　　　　5.3.3　农村生活污水处理运行管理的奖惩机制 ·············· 102
　　　　5.3.4　欠发达地区和低收入农户补贴机制 ·············· 103
　　5.4　农村生活污水处理的保障机制 ·············· 104
　　　　5.4.1　农村生活污水处理保障机制的设计思路 ·············· 104
　　　　5.4.2　农村生活污水处理的法律保障 ·············· 104
　　　　5.4.3　农村生活污水处理的经济保障 ·············· 106
　　　　5.4.4　农村生活污水处理的组织保障 ·············· 107
　　5.5　农村生活污水处理监测运行平台 ·············· 108
　　　　5.5.1　农村生活污水处理监测运行平台的设计思路 ·············· 108
　　　　5.5.2　农村生活污水处理信息运行平台 ·············· 109
　　　　5.5.3　农村生活污水处理管理运行平台 ·············· 110
　　　　5.5.4　农村生活污水处理绩效运行平台 ·············· 110

5.6　本章小结 ·· 112

第6章　农村生活污水处理案例研究·· 113
　　6.1　案例背景 ·· 113
　　　　6.1.1　G区农村生活污水处理项目概况·· 113
　　　　6.1.2　G区农村生活污水处理问题分析·· 115
　　　　6.1.3　G区农村生活污水处理设计 ·· 117
　　6.2　G区农村生活污水处理参与机制 ·· 118
　　　　6.2.1　G区农村生活污水处理参与机制的思路····································· 118
　　　　6.2.2　G区农村生活污水处理参与机制的设计····································· 120
　　6.3　G区农村生活污水处理运行管理机制 ··· 122
　　　　6.3.1　G区农村生活污水处理运行管理机制的思路······························ 122
　　　　6.3.2　G区政府部门农村生活污水处理运行管理 ································· 123
　　　　6.3.3　G区政府部门管理农村生活污水处理费动态调整和奖惩
　　　　　　　机制 ··· 125
　　　　6.3.4　G区政府补偿机制 ·· 126
　　6.4　G区农村生活污水处理监测运行平台 ··· 127
　　　　6.4.1　G区农村生活污水处理信息运行平台 ······································· 127
　　　　6.4.2　G区农村生活污水处理管理运行平台 ······································· 127
　　　　6.4.3　G区农村生活污水处理绩效运行平台 ······································· 129
　　6.5　本章小结 ·· 132

第7章　结论与展望 ·· 133
　　7.1　结论 ·· 133
　　7.2　展望 ·· 134

参考文献 ··· 136

/ 第 1 章 /

绪　论

1.1　研究背景与问题提出

1.1.1　研究背景

2018年中央一号文件聚焦乡村振兴战略。乡村振兴,生态宜居是关键,而农村生活污水处理又是生态宜居的重要组成部分①。《水污染防治行动计划》和《关于全面推行河长制的意见》等一系列的国家水环境保护制度和规定的出台,把我国水环境保护、治理和管理推向前所未有的新高度[1]。"十二五"期间(截止到2015年底),农村生活污水治理取得了显著的成绩,农村生活污水处理率达到了22%。"十三五"期间我国将继续加大农村生活污水处理项目建设,农村生活污水处理率预计达60%②。农村生活污水处理项目的开展对我国水污染防治起到了积极作用。

农村生活污水处理项目属于准公共产品,以政府投资、建设、监管为主[2],政府直接运行管理成本高(是城市生活污水处理运行成本的3~5倍)[3],政府、企业和农户关系复杂[4]。相比农村生活污水处理项目建设,其运行也非常重要[5],但在项目运行中政府部门分工不明、政府监管缺失、信息不对称、法制不健全等因素导致"政府"与"市场"双重失灵的现状[6],直接造成生活污水处理设施"晒太阳"和运行不善等问题相当突出[7]。现行农村生活污水处理项目运行机制存在

---

① 中华人民共和国中央办公厅,国务院. 农村人居环境整治三年行动方案[Z]. 2018.
② 中华人民共和国环境保护部,财政部. 全国农村环境综合整治"十三五"规划[Z]. 2016.

严重缺陷,难以适应新农村建设中广大农户日益增长的对美丽环境的需求。农村生活污水处理项目运行问题的持续性、广泛性、长期性和隐蔽性等特点决定了构建合适的运行机制是治理当前农村水污染问题的根本出路。

农村生活污水处理项目的运行过程涉及众多利益相关主体,运行过程所需要的各种人力、财力、物力及管理方法和技术纷繁复杂,相互影响。工程项目组织是为完成特定项目任务而由众多利益相关主体共同组成的有机整体,其运行机制是指在工程项目目标的指导下,为实现项目运行中的基本功能,以项目组织模式、组织结构、组织制度、业务流程及信息平台等项目运行基本要素为框架,在契约和职权的推动下,实现项目的运行,并围绕项目运行效率,通过项目协调和运行优化,实现项目运行机制的不断完善。因此,对工程项目的运行机制进行研究是至关重要的。

1.1.2 问题的提出

1. 研究的现实问题

农村生活污水处理项目属于准公共产品,即具有非竞争性和非排他性,涉及政府部门、第三方技术服务公司、农户和社会组织等诸多利益相关主体。农村生活污水处理项目分布广泛、数量多、问题复杂。

首先,农村生活污水处理项目运行管理部门多,分工不明确。其次,农村生活污水处理项目运行成本高,收益低。再次,在农村生活污水处理项目运行中,多目标交织。政府部门的目标是社会效益和环境效益,兼顾经济效益。第三方技术服务公司的目标是经济效益。农户的目标是环境效益和社会效益。最后,项目运行多主体冲突。因此,急需构建合理的项目运行机制,促进农村生活污水处理项目稳定长效运行,改善农村水环境。

2. 研究的理论问题

目前,农村生活污水处理项目有四种运行模式:无为放任运行模式、市场化运行模式、政府主导运行模式、准市场化运行模式。

在无为放任运行模式中,政府部门履行农村生活污水处理项目运行监管职能欠缺,农户是项目运行的受益者,但项目运行的管理者并没有确定的主体,有些情况下农户作为项目运行的管理者。市场化运行模式是指政府部门与第三方技术服务公司签订委托代理合同,将项目运行工作委托给第三方技术服务公司管理。第三方技术服务公司配套专业运行设备,聘请专业技术维修人员,对农村生活污水处理项目进行日常维护管理工作。该运行管理模式较适合采用复杂处理工艺的项目。在市场化运行模式中,政府部门是项目运行的监督者,第三方技术服务公司是项目运行的管理者,农户是项目运行的受益者和监督者,社会组织是项目运行的监督者。在政府主导运行模式中,政府部门是项目运行的监管者,为履行其公共服务职责,监管项目运行,以提高农户满意度。通常情况下,由政府部门主导成立农村生活污水处理项目技术服务公司,作为项目运行的具体管理者。政府部门向项目技术服务公司支付运行管理费用,并对项目运行管理实施监管。项目技术服务公司承担购置专业设备、聘请专业技术人员、运行管理项目的责任。农户作为项目运行的受益者,参与监督运行管理效果,但并不支付运行管理费用。社会组织以其专业能力和技术素养服务于农户,并参与监督项目技术服务公司的运行管理状况。在准市场化运行模式中,政府部门作为项目运行的监督者,与第三方技术服务公司签订委托代理合同,将项目运行工作委托至第三方技术服务公司管理。第三方技术服务公司作为项目运行的管理者配备专业技术人员与设备运行管理项目,以获取合理化利润。农户参与管理并监督项目运行,是项目运行的受益者、管理参与者和监督者。社会组织服务于农户,并监督项目运行,是项目运行的管理参与者和监督者。

本书从研究背景入手,提出研究问题、目的与意义,分析农村生活污水处理项目的属性、特征,并构建了博弈模型进行分析;对农村生活污水处理技术进行评估,选择农村生活污水技术评估方法,构建农村生活污水处理技术评估思路及指标体系,通过模型演算做出科学合理的技术评估;在技术评估的基础上,设计农村生活污水处理机构,最后开展农村生活污水处理案例研究。

1.2 研究目的与意义

1.2.1 研究目的

农村生活污水处理项目运行涉及政府部门、第三方技术服务公司、农户和社会组织诸多利益相关主体。政府部门负责农村生活污水处理项目的建设和管理。如何发挥政府和市场的各自优点,避免造成"政府失灵""市场失灵"的尴尬境地,进而实现农村生态宜居,提高农户健康水平,是当前农村生活污水处理项目运行的关键。

农村生活污水处理项目运行具有运行成本高(是城市生活污水处理运行成本的3~5倍)和收益低,项目运行多目标交织,政府、技术服务公司和农户多主体冲突的特征。本书紧紧围绕农村生活污水处理系统研究,界定农村生活污水处理项目主体,研究主体角色、分类、行为及博弈过程;构建农村生活污水处理技术评估指标体系及评估模型,对农村生活污水处理做出科学合理的技术评估,在此基础上设计农村生活污水处理机制,并开展农村生活污水案例研究,为促进农村生活污水处理项目运行的切实改善、为美丽宜居乡村建设的顺利推进提供决策参考。

1.2.2 研究意义

本书通过对农村生活污水处理进行系统研究,尝试更深层次分析农村生活污水处理项目的属性与特征,发现现行农村生活污水处理项目运行过程中存在的薄弱环节,并对农村生活污水处理做出科学合理的技术评估,从而促进农村生活污水处理项目运行效率和运行效果的提高,改善农村居住环境。本书依托博弈论等基本理论,采用层次分析法、PROMETHEE等模型方法进行科学技术评估,体现出重要的理论意义。围绕农村生活污水处理所进行的理论、方法和技术评估的探讨,对于改善农村水环境和提高农民生活健康水平也具有重要的现实意义。本书的理论分析框架、技术评估、机制设计、研究方法和研究结论对我国农村生活污水处理项目运行实践和农村水环境保护具有重要的借鉴意义。

1.3 国内外研究进展

1.3.1 农村生活污水特征

农村生活污水通常包括居民在日常生活中的厕所排水、洗涤排水以及厨房排水,即通常所称的"农村三水"。厕所排水,在冲水厕所普及地区,会产生大量的"黑水",而在仍使用旱厕的村镇,冲厕废水产量较少。冲厕废水中氮(N)、磷(P)、生化需氧量(BOD)等浓度很高。洗涤排水含有大量洗涤剂等化学成分,产生磷污染。厨房排水多为洗锅碗水、淘米水、洗菜水等,含有米糠、菜屑等有机物及油脂、醋酸等。农村生活污水中的污染物以氮、磷、细菌、病毒和寄生虫卵为主,可生化性较好,污染类型主要为面源污染,不集中且分布面广。农村生活污水处理是指将生活污水中的有毒有害物质和污染成分降解去除,使之无害化的过程。

根据国家统计局发布的数据,2015年乡村人口60 346万,形成了数以万计的自然村落。由于历史传统和地理环境等原因,这些村落随机零散分布,导致我国农村的生活污水来源面积广,处理难度大。

随着环保意识的增强,我国污水处理厂数量日益上涨,污水处理效率也在不断提升,但污水处理厂主要集中在人口密集的大中城市和城镇,大多数农村经济发展相对迟缓,污水处理配套设施不完善,污水没有经过达标处理甚至未经处理直接排放的现象较为普遍。全国第一次污染源普查结果表明,我国农村每年产生的生活污水量超过80亿吨,随着经济快速发展,村镇化进程加快,农村居民生活水平和人口集中化程度提高,生活污水的产生量亦有不断上涨的趋势。

我国农村生活污水的水质水量与城镇污水有明显的差异,城镇经济相对发达,除了日常生活产生的污水和城市初期雨水外,还有部分工业废水,通常纳管收集统一接入城镇污水处理厂,经达标处理后排放。农村生活污水直排现象普遍,没有统一的污水收集管道,而是就近排放到路面或者周边水体。有管网排水系统的村域,大多雨污分流不彻底,雨污同管现象普遍,增加了污水处理厂污水处理负荷。

1.3.2 农村生活污水处理技术研究进展

农村生活污水处理项目是指去除农户产生的生活污水中的化学需氧量(COD)、氨氮等污染物并达到国家相应标准的工程[12]。农村生活污水处理项目具有环境功能和生态功能,对于改善农村水环境,减少疾病和提升农村居住环境具有重要作用[13-14]。这类项目具有显著的社会效益、环境效益,兼顾了经济效益,对于改善农村水环境质量和提高农户生活水平具有重要作用。此外,大部分农村生活污水处理项目是以政府财政支出投资为主,由此衍生出政府部门对农村生活污水处理运行进行行政管理和监控的需求和职责。

农村生活污水处理项目主要包括两个环节:首先,农户日常生活中排放出来的生活污水等通过入户管、支管、干管收集到污水处理设施中[15]。其次,农村生活污水处理设施是将农户产生的生活污水中的有机物和氮磷营养盐进行降解、转化,使其达到国家标准[16]。管道收集系统复杂性体现在涉及了各个农户,受到地形、村庄布局、生活用水习惯和规律影响,相对比较复杂[17]。农村生活污水处理项目一方面要考虑选用高效稳定,满足农村操纵管理特点的技术,另一方面,需要选择操作运行管理方便,维护成本低的工艺[18]。农村生活污水处理项目流程示意见图1.1。

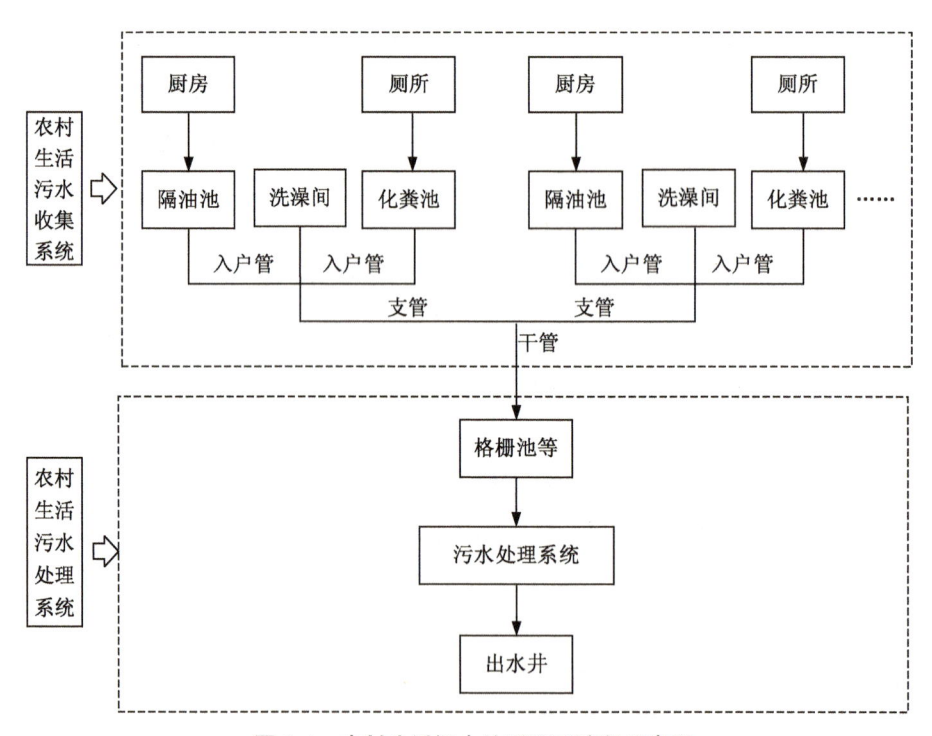

图 1.1 农村生活污水处理项目流程示意图

1. 水量、水质特征

农村生活污水水质水量变化大[19]。7:00—9:00、17:00—19:00是农村污水排放的高峰期,其他时间排放量相对较少。范理等[20]对发达和欠发达两种地区污染物进行研究表明,发达地区排放的生活污水中污染物浓度高于欠发达地区。

2. 污水组成

农村生活污水主要由黑水和灰水组成。黑水一般被定义为生活污水中污染物浓度较高的污水,如粪便污水。灰水一般被定义为生活污水中污染物浓度较低的污水,如洗衣污水等[21]。生活污水中主要污染物有三磷酸盐、病毒等[22-23]。

3. 收集方式

农村生活污水收集方式有3种:① 雨污分流排水体制,生活污水由专用的污水管道收集输送;② 雨污合流排水体制,生活污水和雨水通过共用的污水管道收集输送;③ 无序收集,生活污水任意排放,没有经过污水管道收集。

4. 处理工艺

农村生活污水处理工艺主要有三种:① 湿地处理技术,包括氧化塘(稳定塘)和人工湿地处理技术,多为无动力设施[24-25];② 生物处理技术,包括 A/O、A^2/O、生物膜法、SBR 工艺等,多为有动力设施[26-28];③ 湿地处理结合生物处理技术,包括 A/O+人工湿地、A^2/O+人工湿地等,为有动力分散设施[29]。

1.3.3 农村生活污水处理项目机制的研究进展

1. 农村生活污水处理项目特征

与其他项目一样,农村生活污水处理项目按照项目的周期可以分为:项目决策、项目计划与设计、项目施工、项目运行四个阶段[30]。和其他阶段相比,项目运行阶段具有周期长、程序复杂、资金密集和组织结构动态化特征,是项目的核心和重点[31],见图 1.2。

目前大部分地区已经建设了农村生活污水处理项目,然而与项目硬件建设相比,部分地区农村生活污水处理项目的运行仍存在明显不足,农村生活污水处理设施"晒太阳"等运行不善问题相当突出[32],现行农村生活污水处理项目运行机制存在严重缺陷,难以适应新农村建设中广大农民日益增长的对美丽环境的需求[33]。

2. 项目机制内涵

机制一词起源于希腊文,原指机器的构造和工作原理。对于机制的理解有两层含义:一是事物由各部分组成是前提。二是事物各部门之间按照一定的方式联系,按照一定规律发挥作用[34]。农村生活污水处理项目运行机制是指农村生活污水处理系统的内部运行结构及其相互关系。农村生活污水处理机制具备一般机制

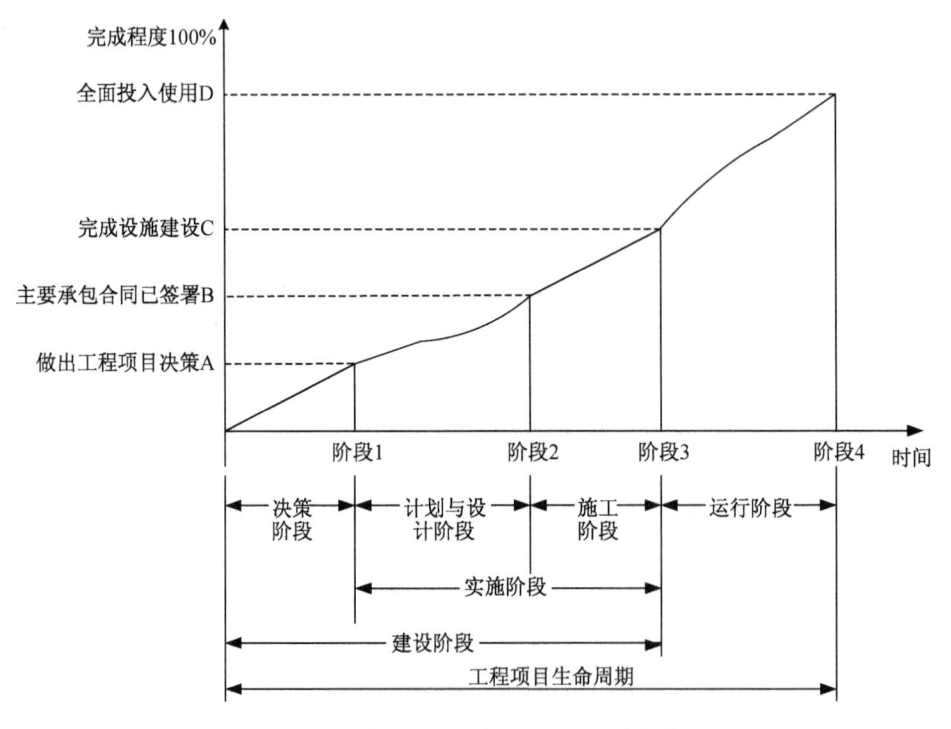

图 1.2　农村生活污水处理项目生命周期

的基本特点,是决定农村生活污水处理能否正常开展、有效开展的关键性因素。

农村生活污水处理运行是对农村生活污水处理管道收集系统(入户管、支管、干管)和农村生活污水处理设施两部分进行维护管理,使之正常运转、发挥作用的过程和状态。运行管理人员通过信息系统与实施主体保持密切联系,并相机采取适当措施,以达到农村生活污水处理正常、安全、有效运行的管理目的。运行管理人员按照要求巡视检查工艺和设备是否正常运行[35]。运行维护人员除了负责污水工程中检查井清掏、杂草清除等工作外,还应对污水管道、调节池、缺氧池等工艺单元进行维护,对风机、水泵等主要设备是否正常运行进行检查。因此,运行管理人员对于项目的稳定运行至关重要。

3. 项目运行机制的发展

项目运行机制包括政府主导运行机制、市场化机制和准市场化机制。其中,政府主导运行机制由于效率低、政府失灵现象、成本高等缺点,无法实现项目的有效运行。市场化运行机制中存在的市场失灵现象、交易双方缺乏有效的约束机制,往往造成具有公益性的项目运行达不到预期效果。农村生活污水处理项目具有自然垄断性、外部性和准公共产品属性特征,同时农村水环境治理过程中存在信息不对称等因素,单纯的政府主导模式或市场化模式都会导致政府失灵的问题[36-37]。欧美等发达国家用准市场的方式对公共服务进行管理,取得了很好的效果[38]。

(1) 准市场化内涵

在西方发达国家,公共服务市场化机制被称为准市场化[39]。它包含两层含义:第一,"市场"具备了竞争性,它由专门的组织进行服务,从而代替原有的垄断供给。第二,不同于一般的市场,这个专门组织供给需要按照一定预算等形式运行[40]。

(2) 准市场化类型

准市场化包括三种类型:① "硬-软"准市场[41];② "直接-间接"准市场;③ "内部-外部"准市场[42]。

在实践中,准市场模式主要表现为政府履行公共服务职能方式的变革,即"市场化"或"民营化","更多依靠民间机构,更少依赖政府来满足人民的需求"[43]。在产品/服务的生产和财产拥有方面减少政府作用,增加社会其他机构作用的行动[44]。通过打破政府在公共服务提供中的垄断地位,引入竞争和竞争机制,以缓解政府所面临的公众信任危机等一系列困境,并大幅提高公共服务提供的效率和质量,进而有力化解民众对公共服务日趋多样化、个性化的需求与政府极其有限的实际供给能力之间的尖锐矛盾[45]。

4. 项目机制分类

(1) 政府主导运行机制综述

政府主导运行机制具有行政性、计划性和指令性强的基本特征,具有示范性、权威性和执行力强的优势,但也有效率低、运行成本高等劣势,适用于全国性、大型的项目。丰景春等[56]对江苏省新农村公共项目进行研究,提出运行维护是关键。梁昊[57]在对湖北、安徽、江苏、内蒙古等省(区)村级公益事业后续管护问题进行问卷调查和实地调研的基础上,总结各地后续管护经验,并提出了建立全国性村级公益事业项目管护机制的建议。邢伟济等[58]结合文成县小型农田水利工程项目建后管护现状,提出新时期建后管护工作的有效措施:加强项目工程管护宣传,提高项目建后管护的思想意识;明确产权归属,实现依法管护;健全项目管护制度;落实管护组织,建立竣工项目管护队伍;多渠道筹集管护资金,解决"无米之炊"的问题;建立小型农田水利工程竣工项目效益评估体系,提高运行质量。

(2) 市场化运行机制综述

市场化运行机制具有以市场为主导、市场化程度高、自发性、产权明晰的基本特征,具有一定范围内效率高、成本低、交易双方自愿交易意愿强、价格杠杆效应显著的优势,但也有市场失灵现象、交易双方缺乏有效的约束机制等劣势,适用于经济发达、市场机制健全地区。杨乐民[59]对国有福利机构实现运行机制市场化进行了探索,分别从三个方面进行阐述:① 更新观念,转变机制,自我更新;② 深化改革,强化管理,增强自我;③ 面向社会,扩大服务,增强增效。结论是国有福利机构实现市场化是必由之路。沈志荣等[60]认为市场对政府有一定的影响,主要体现在三个方面:一是提高政府的服务水平,二是缓解政府财政压力,三是弥补政府短板。同样,市场也需要政府,表现在三方面:一是获得收益,二是拓展市场,三是获取政治资源。市场经营一方面需要遵循市场规律,另一方面受到政策的影响。

(3) 准市场化运行机制综述

准市场化运行机制既具有政府的特征,又有市场的基本特征,综合了市场化模式与政府主导模式的优点,具有政府和市场双向调节的优势,主要劣势是存在政府定位模糊。政府和市场间的有效协调、成本控制等问题,适用于市场发育不完善时和商品再配置。Le Grand 和 Bartlett[61]认为"市场"是"准市场"的前提,使其具备了竞争性。从供应角度分析,准市场兼顾了政府和市场的共同利益;从需求角度分析,准市场通过规定的预算经费,以"凭单"形式进行购买。Kähkönen[62]从5个维度对准市场进行界定:① 准市场的构建和维持;② 准市场的目标,包括社会效益等;③ 政府部门是需求方、监管方等;④ 不同供应方之间相互竞争;⑤ 服务仅在购买者(政府部门)和提供者之间交易。

李雪萍[63]认为,采用准市场机制有利于转变政府职能和精简政府机构,有利于节省开支,提高服务水平,促进民间组织壮大,从而有效协调政府与社会的关系。覃永琳[64]认为准市场化运行机制对于村镇供水尤为重要。罗慧等[65]对水权的交易模型进行了探索,提出了基于水量与污染两个方面相结合的"准市场"模型。Struyven 和 Steurs[66]从五个方面建立了评估标准来评价准市场化的服务。

Bruttel[67]则建立了准市场有机的治理机制,包括激励、信息和控制三个方面。Pop 和 Radu[68]对准市场化的政府部门的角色进行重新定义。Ferlie[69]等归纳了准市场化服务的特点,分析了准市场化的角色。准市场化机制兼顾了政府和市场两方面的优点,在公共服务、项目管理、水资源管理等方面[70]应用较为广泛。准市场化应用情况总结见表 1.1。

表 1.1 准市场化机制应用情况总结

学者	研究内容	研究结论
Hughes[71]	公共服务（教育）	英国的大学在准市场运作管理上,如果没有分析任何特定机构的历史和文化背景,则结果难预测。
Exley[72]		准市场教育在学校选择和教育竞争的政策上存在差异。
Hardyet al.[73]	公共服务（医疗）	准市场中供应商之间的竞争性质将根据购买者是否能够或需要促进供应多样性的程度而有所不同。
Berkel[74]	公共服务（激励）	分析在准市场服务提供背景下提供激励或福利工作计划和服务,整个服务提供链中风险选择过程的广泛存在使得将风险选择明确归因于服务提供者的理性行为相当困难。
Chen-Yu Chang[75]	项目管理	制定了一个模型,以展现在订约期内正式确定双方谈判权的演变过程。这个模型为理解发展做出了两项新的贡献:(1)定量研究财务安排对议价能力平衡的影响;(2)通过应用纳什讨价还价模型,建立议价能力与准租金的关系。
Christ,Burritt[76]	水资源管理	提出了一系列关于企业水资源会计环境的具体研究问题,以及水资源会计研究人员为企业未来水资源管理做出贡献的方式。
侯艳红等[77]		南水北调东线工程要采用政府宏观调控、准市场化运作和用水社区共同作用的多元共生的水管理制度安排。
翁博[78]	政府治理	政府责任的失位对民营化影响较大。当政府责任回归之后,准市场模式变革时代将重新来临。
席恒[79]	养老保险制度	利用市场机制进行准市场化的运作,通过筹资渠道与保险形式的多样化、养老保险制度运作的社会化和养老保险金运营、管理的商业化来实现。
王毅敏等[80]	国企改革	"责任导向型准市场化企业"的出路在于进行"国有资产理性流动"和确立真正的现代企业制度。

(4) 农村生活污水处理机制研究综述

目前农村生活污水处理项目运行机制正处于探索阶段。虽然在政策方面出台了一些鼓励委托专业技术服务公司运行的措施,建立了相应的项目运行制度、标准,规范了项目运行服务,完善了服务体系,但是缺乏针对性的、可操作性的方案。武璐等[32]在对浙江省农村生活污水处理项目调研基础上,总结了运行中的问题,指出了农村生活污水处理项目需要注意工程质量、建立长效运行机制。明劲松等[81]建议根据不同地区、不同规模等条件制定有针对性的农村生活污水政策、指南。刘洪先[35]总结了农村饮用水安全项目管理的问题,研究了项目运行的长效运行机制,为类似项目的运行管理提供了经验。

从运行管理角度来看,工程项目应建立有效的运行机制。王磊[82]总结了发达国家农村治理方面的做法,分析了国内农村污水处理项目运行的现状和存在的问题,并结合沈阳市现有农村污水处理设施运行管理的实际情况,在运营模式、监管机制、经费筹措、绩效考核与政策支持等方面提出了一系列措施和建议。黄文飞等[83]认为法律、运行管理、服务体系等几个方面是农村生活污水处理项目运行的关键。郑孜文等[84]通过对惠州市惠城区农村生活污水处理现状进行全面调查,分析污水处理设施及其处理能力与当地常住人口户数及人口密度的关系,建议采用制定和完善污水处理项目运行规范、加大检查力度等方式来改善农村环境质量。黄治平等[85]建议实行从项目规划到运行监管的全过程管理,进而提高农村污水处理项目的建设质量和管理水平。其中有效的运行监管包括:污水处理工艺运行监管和设备的运行维护管理。

1.3.4 国内外研究的不足

从研究的视角来看,现有研究缺乏从系统综合的视角对农村生活污水处理进行的技术评估,而往往是从单一角度出发进行研究。

从研究的方法模型来看,农村生活污水处理项目作为准公共产品,其建设运行不仅会对农村区域生态环境发展产生影响,而且对农户的健康和生活也会产生重要影响。目前虽然有研究者对农村生活污水处理进行了一定的定性研究,但是在农村生活污水处理技术评估方面还缺乏定量的系统研究。

从研究的内容来看,现有研究更多关注于农村生活污水处理项目工程建设、管理政策方面,对于农村生活污水处理技术评估研究涉及较少。

1.4 研究内容、方法及创新点

1.4.1 研究内容

本书研究内容共分为7章。

第1章:绪论,阐述了本书研究的背景、目的和意义,界定了相关概念,综述了国内外研究进展,并提出了本书的研究内容、研究思路、研究方法、技术路线和主要创新点。

第2章:农村生活污水处理典型技术研究,分析了农村生活污水厌氧生物膜处理、脉冲多层复合滤池处理、垂直流+水平流组合湿地处理、厌氧+人工湿地处理、A/O+人工湿地处理、SBR+物化除磷处理、膜处理等7种技术。

第3章:农村生活污水处理项目属性与特征,首先分析了农村生活污水处理项目的属性和特征,其次研究了农村生活污水处理项目运行的主体、角色、分类和行为,最后构建博弈模型并进行分析。

第4章:农村生活污水处理技术评估,首先分析了现行的四种农村生活污水处理模式,其次总结和汲取了国外农村生活污水处理的成功经验,再次建立了农村生活污水处理技术评估方法,最后进行农村生活污水处理技术评估模型演算。

第5章:农村生活污水处理管理机制研究,首先提出了农村生活污水处理机制设计框架,其次设计了农村生活污水处理参与机制、运行管理机制、运行保障机制,最后建立了农村生活污水处理机制监测运行平台。

第6章:农村生活污水处理案例研究,首先对G区农村生活污水处理项目应用案例的现状和特征进行分析,其次设计了G区农村生活污水处理参与机制、准市场化运行管理机制,最后建立了G区农村生活污水处理运行监测平台。

第7章:结论与展望。总结本书的研究工作,对今后的研究方向进行了展望。

1.4.2 研究方法

(1)文献阅读与资料分析相结合。通过大量文献和翔实的资料分析,掌握项目运行的研究现状；通过实地调研和专家访谈等方式了解我国农村生活污水处理项目运行机制在实践中存在的问题，确定本书的研究重点。

（2）定性与定量分析相结合。通过对农村生活污水处理项目运行的利益相关主体进行识别与分析，建立政府部门、第三方技术服务公司和农户之间的博弈模型，以期为项目运行提供决策依据。使用 AHP 和 PROMETHEE 模型方法，选择农村生活污水处理项目运行模式。

（3）机制设计与案例应用相结合。设计了准市场化的项目运行机制并应用于 G 地区农村生活污水处理项目运行中。结合研究区现状及存在的问题，设计了 G 区准市场化项目运行机制，实现了 G 区农村生活污水处理项目高效稳定运行。

1.4.3　主要创新点

随着建设美丽宜居乡村和实施乡村振兴战略等国家农村重大发展政策的出台和推动，农村生活污水处理项目建设越来越受到各级政府的高度重视，被纳入政府考核范畴。但由于农村生活污水处理项目分布范围广、数量多、问题复杂，项目运行面临较大的管理挑战，为此，本书从系统综合角度出发，阐述农村生活污水处理项目属性与特征，构建模型对农村生活污水做出科学合理的技术评估，设计农村生活污水处理机制，并应用到 G 区农村生活污水处理项目运行中，在研究上采用多学科交叉、定性和定量分析相结合等方法，其研究创新如下。

（1）本研究在分析农村生活污水项目属性与特征的基础上，运用演化博弈模型，仿真分析农村生活污水处理项目。

（2）从管理、技术、经济、环境、生态 5 个维度构建了农村生活污水技术评估综合指标体系，建立了农村生活污水处理 AHP＋PROMETHEE 模型技术评估方法，定量得出农村生活污水处理技术评估结果。

（3）在技术评估的基础上，设计了农村生活污水处理机制，并应用到 G 区农村生活污水处理项目运行中。

/ 第 2 章 /

农村生活污水处理典型技术研究

本章对农村生活污水厌氧生物膜处理、脉冲多层复合滤池处理、垂直流+水平流组合湿地处理、厌氧+人工湿地处理、A/O+人工湿地处理、SBR+物化除磷处理、膜处理这 7 种技术进行总结,分别从管理、经济、技术、环境与生态 5 个维度分析,为农村生活污水处理技术评估提供基础。

2.1 厌氧生物膜处理技术

2.1.1 技术简介

厌氧生物膜池是通过在厌氧池内填充生物填料强化厌氧处理效果的一种厌氧生物膜技术(其工艺流程如图 2.1 所示)。污水中的大分子有机物在厌氧池中被分解为小分子有机物,能有效降低后续处理单元的有机污染负荷。其上方可覆土种植植物,美化环境。

农村生活污水 —管网收集→ 厌氧生物膜处理技术 → 达标排放

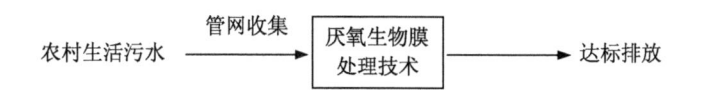

图 2.1 厌氧生物膜处理技术工艺流程图

2.1.2 适用范围

可广泛应用于农村生活污水经化粪池或沼气池处理后,生态沟、生态滤池或土地渗滤等生态净水技术前的处理单元。正常运行时,厌氧生物膜池对 COD_{Cr} 和 SS 的去除效果可达到 40%~60%。

2.1.3 经济指标

该技术投资建设成本为 3 000~5 000 元/t(不含管网建设费)。直接运行成本为 0.3~0.5 元/t。

2.1.4 技术指标

厌氧池水力停留时间为 24~48 h;滴滤池水力负荷为 3~7 $m^3/(m^2 \cdot d)$,布水周期为 20 min;人工湿地设计水力负荷为 0.3~0.7 $m^3/(m^2 \cdot d)$。

2.1.5 环境指标

该技术出水水质可稳定达到《城镇污水处理厂污染物排放标准》(GB18918—2002)一级 B 标准,部分指标优于一级 A 标准。污泥产量小、噪声较小、气味相对较大。抗水力冲击负荷弱,抗污染物冲击负荷也不强。

2.1.6 生态指标

该技术主要依靠生物处理,生物多样性一般,不适宜美丽乡村建设。

2.1.7 管理指标

安排专人定期对厌氧池进水口的杂物进行清理,定期对水泵、控制系统等进行检查与维护,对厌氧池每年清掏 1 次。

2.2 脉冲多层复合滤池处理技术

2.2.1 技术简介

该技术由厌氧池、脉冲多层复合滤池和潜流人工湿地三个处理单元组成。污水经过厌氧池降低有机物浓度后,由泵提升至脉冲多层复合滤池,与滤料上的微生物充分接触,进一步降低有机物浓度,同时可自然充氧。滤后,水部分回流反硝化处理,提高氮的去除率;其余流入人工湿地或生态净化塘进行后续处理,去除氮磷(如图 2.2 所示)。该工艺中使用的滤料为珍珠岩、废石膏等材料,可以除磷。该工艺中的水泵及生物滤池布水均可实现自动控制。有地势落差的村庄可利用自然地形落差滴滤,减少或不用水泵提升。

图 2.2 脉冲多层复合滤池处理技术工艺流程图

2.2.2 适用范围

可广泛应用于农村生活污水污染物浓度较高、投资和运行成本需要控制的地区,对于氮磷去除要求不高的地区,该技术对 COD_{Cr} 和 SS 的去除效果可达到 50%～70%。

2.2.3 经济指标

该技术户均建设成本约为 1 200～1 500 元(不含管网),设备运行费用主要是水泵提升消耗的电费,约为 0.2～0.5 元/m^3。

2.2.4 技术指标

厌氧池水力停留时间为 24～48 h;滴滤池水力负荷为 3～7 $m^3/(m^2 \cdot d)$,布水周期为 20 min;人工湿地设计水力负荷为 0.3～0.7 $m^3/(m^2 \cdot d)$。

2.2.5 环境指标

该技术出水水质可稳定达到《城镇污水处理厂污染物排放标准》一级 B 标准,部分指标优于一级 A 标准。污泥产量小、噪声较小、气味相对较大。

2.2.6 生态指标

该技术主要依靠生物处理,结合景观可实现一定的生物多样性,较适宜美丽乡村建设。

2.2.7 管理指标

安排专人定期对厌氧池和人工湿地进水口的杂物进行清理,定期对水泵、控制系统等进行检查与维护,对厌氧池每年清掏1次。

2.3 垂直流+水平流组合湿地处理技术

2.3.1 技术简介

该技术的工艺流程为:农村生活污水首先通过垂直流人工湿地去除有机物和氨氮,并为反硝化提供基础,然后进入水平流人工湿地进行反硝化去除总氮,进而实现COD、氨氮和总氮的去除。同时水平流人工湿地出水可以回流至垂直流人工湿地,强化该技术对于总氮的去除(如图2.3所示)。

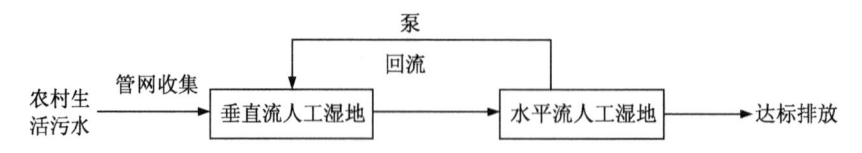

图2.3 垂直流+水平流组合湿地处理技术工艺流程图

2.3.2 适用范围

可广泛应用于景观和生态要求较高的地区,可利用面积较大。经过化粪池预处理后,湿地去除大部分气味,形成良好的生态效应。有机物和氮磷负荷相对较低,正常运行时,该技术对COD_{Cr}和氨氮的去除效果可达到50%~80%。

2.3.3 经济指标

该技术投资建设成本为5 000~7 000元/t(不含管网建设费)。直接运行成本为0.1~0.2元/t。

2.3.4 技术指标

垂直流人工湿地水力停留时间为5~10 d,水力负荷为0.1~0.5 $m^3/(m^2 \cdot d)$,布水周期为10~15次/d。水平流人工湿地水力停留时间为2~5 d,水力负荷

为 $0.2\sim0.5~\mathrm{m^3/(m^2 \cdot d)}$。回流比为 50%~100%。植物一般 1~2 年收割一次。

2.3.5 环境指标

该技术出水水质可稳定达到《城镇污水处理厂污染物排放标准》一级 B 标准,部分指标优于一级 A 标准。污泥产量小、噪声较小、气味相对较小。

2.3.6 生态指标

该技术主要依靠生态-生物处理,垂直流人工湿地和水平流人工湿地均种植一定数量的挺水植物,可实现生物多样性,适宜美丽乡村建设。

2.3.7 管理指标

安排专人定期对人工湿地进水口的杂物进行清理,对湿地植物进行养护;定期对水泵、控制系统等进行检查与维护;植物一般 1~2 年收割一次。

2.4 厌氧+人工湿地处理技术

2.4.1 技术简介

该技术利用原住户的化粪池作为一级厌氧池,污水从一级厌氧池流出后再通过二级厌氧池对有机污染物进行硝化沉淀后进入人工湿地,污染物在人工湿地内经过滤、吸附、植物吸收及生物降解等作用得以去除(如图 2.4 所示)。该工艺技术简单,无动力消耗,维护方便。

农村生活污水 →管网收集→ 厌氧池 → 人工湿地 → 达标排放

图 2.4 厌氧+人工湿地处理技术工艺流程图

2.4.2 适用范围

可广泛应用于偏远和农户较少的地区,厌氧池对于悬浮物和有机物去除效果较好,后续人工湿地处理对于氮磷有一定的去除作用。正常运行时,厌氧池和人工湿地组合对 COD_{Cr} 和 SS 的去除效果可达到 50%~70%,对氮磷的去除率在30%以上。

2.4.3 经济指标

该技术户均建设成本约为800~1 000元(不含管网),人工管护成本小于0.1~0.3元/t。

2.4.4 技术指标

厌氧池水力停留时间为1~2 d,人工湿地水力停留时间为1~3 d,水力负荷为0.33~1.0 m³/(m²·d)。

2.4.5 环境指标

该技术处理效果:整体出水水质达到《城镇污水处理厂污染物排放标准》的二级标准。

2.4.6 生态指标

该技术主要依靠生物和生态处理,生物多样性一般,较适宜美丽乡村建设。

2.4.7 管理指标

安排专人定期(每季度一次)对厌氧池和人工湿地进水口的杂物进行清理,对厌氧池或化粪池每年清掏1次,冬季及时清理人工湿地内枯萎的植物。

2.5 A/O+人工湿地处理技术

2.5.1 技术简介

农村生活污水首先进入格栅井,然后进入调节池进行水质和水量的调节,进入地埋式一体化A/O污水处理设备,与其中的微生物充分接触,污染物被微生物吸附降解。地埋式污水处理设备出水直接排入河塘(如图2.5所示)。

2.5.2 适用范围

可广泛应用于经济发达地区和出水水质较高地区。格栅和调节池预处理效

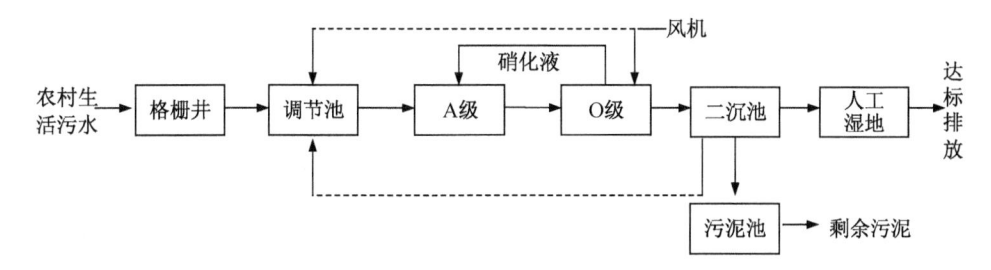

图 2.5　A/O＋人工湿地处理技术工艺流程图

果较好,A/O 工艺去除污水中的氨氮和总氮,人工湿地去除总磷。正常运行时,COD_{Cr}和 SS 的去除效果可达到 40%～60%,氨氮和总磷的去除率达 60%以上。

2.5.3　经济指标

地埋式污水处理设施＋人工湿地,其建设费用为 5 000～7 000 元/m³,日常运行费用为 0.5～0.8 元/m³。

2.5.4　技术指标

调节池水力停留时间为 2～5 h;A/O 污水处理设备水力停留时间为 6～8 h;二沉池表面负荷为 0.8～1.0 m³/(m²·d)。

2.5.5　环境指标

该技术处理效果:设计出水各项指标达到《城镇污水处理厂污染物排放标准》一级 B 标准,部分指标优于《城镇污水处理厂污染物排放标准》一级 A 标准。噪声较大,污泥产生量一般,气味控制一般。

2.5.6　生态指标

该技术主要依靠生物和生态处理,生物多样性一般,较适宜美丽乡村建设。

2.5.7　管理指标

安排专人定期(每月一次)对一体化池和人工湿地进水口的杂物进行清理,对一体化池每年清掏 1 次,冬季及时清理人工湿地内枯萎的植物。

2.6 SBR+物化除磷处理技术

2.6.1 技术简介

农户产生的粪便污水、厨房污水、洗澡废水汇同其他生活污水,经过三格式化粪池处理,以自流形式进入调节池,进行水质水量的均化调节,调节池进口设置格栅,以清除水中大颗粒的杂质和杂物,池内设置提升泵,由水位控制器根据池内水位高低自动控制,污水经泵提升进入SBR池进行生化处理。SBR出水辅以化学除磷或进人工湿地,以保证出水总磷稳定达标(如图2.6所示)。

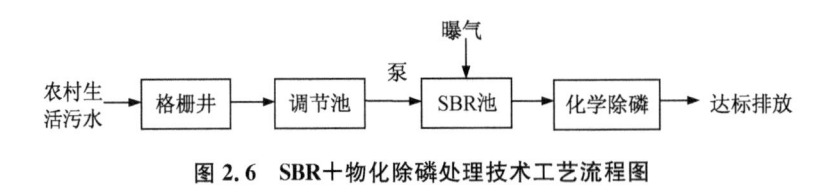

农村生活污水 → 格栅井 → 调节池 →(泵)→ SBR池 →(曝气)→ 化学除磷 → 达标排放

图 2.6　SBR+物化除磷处理技术工艺流程图

2.6.2 适用范围

可广泛应用于东南地区各村庄生活污水经化粪池或沼气池处理后,生态沟、生态滤池或土地渗滤等生态净水技术前的处理单元。正常运行时,厌氧生物膜池对COD_{Cr}和SS的去除效果可达到40%~60%。

2.6.3 经济指标

建设费用为5 000~7 000元/m³;运行费用为0.4~0.6元/m³。

2.6.4 技术指标

每8 h运转一个周期,采用限时曝气方式,其运行程序为进水2 h(同时进行水搅拌),曝气时间为4 h,沉淀时间为1 h,排水时间为1 h。

2.6.5 环境指标

处理后的水质达到《城镇污水处理厂污染物排放标准》一级B标准,如不加化学除磷,可稳定达到《城镇污水处理厂污染物排放标准》二级标准。噪声较大,污泥产生量较大,气味控制一般。

2.6.6 生态指标

该技术主要依靠生物处理,生物多样性一般,不适宜美丽农村建设。

2.6.7 管理指标

本工艺若采用 PLC 自动化操作,操作管理方便;产泥量较大,沉积于池底的剩余污泥可用吸粪车一年一次吸出外运;除磷药剂半年投加一次,通过计量泵投加。

2.7 膜处理技术

2.7.1 技术简介

膜生化反应器将活性污泥法和膜分离技术有机结合,并以膜组件代替传统污水生物处理工艺中的二次沉淀池,在膜组件的高效截留作用下使泥水彻底分离(如图 2.7 所示)。由于膜生化反应器中的高浓度活性污泥和污泥中高效菌的作用,生化反应速率提高,剩余污泥产量减少,解决了传统生物处理工艺普遍存在的出水水质不稳定、占地面积大、易发生污泥膨胀导致出水水质恶化等突出问题。出水水质稳定性好。

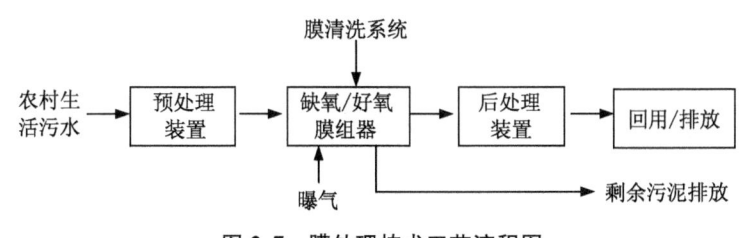

图 2.7 膜处理技术工艺流程图

2.7.2 适用范围

可广泛应用于经济发达或出水要求较高的地区,如饮用水源地保护区周边。经过膜处理后出水较好。正常运行时,该技术对 COD_{Cr}、氨氮、总磷和 SS 的去除效果可达到 80%~90%。

2.7.3 经济指标

建设费用和运行成本较高,当设计规模为 100 m³/d 时,建设投资在 66 万元左右,即 6 600 元/m³;运行费用为 0.9~1.5 元/m³。

2.7.4 技术指标

当调节池进水的动植物油含量大于 50 mg/L 时,应设置除油装置,污水好氧生化处理,进水 BOD_5/COD_{Cr} 宜大于 0.3。膜生物反应池进水 pH 值宜为 6~9。污泥负荷(F_w)宜为 0.1~0.4 kg/(kg·d),混合液污泥浓度(MLSS)宜为 3~10g/L,水力停留时间宜为 4~8 h。

2.7.5 环境指标

处理后排放浓度:BOD_5 在 10 mg/L 以下,COD_{Cr} 在 30 mg/L 以下,NH_3-N 在 2 mg/L 以下,TN 在 15 mg/L 以下,TP 在 1 mg/L 以下。污泥处理较大,噪声较小,气味较小。

2.7.6 生态指标

该技术主要依靠生物处理,生物多样性一般,不适宜美丽乡村建设。

2.7.7 管理指标

设备化的膜生物反应器可实现自动化运行,但维护管理要求高,需要专业人员维护。长期运行后需要定期检查,必要情况下应进行膜清洗。

2.8 本章小结

本章分别从管理、经济、技术、环境与生态 5 个维度,系统分析了厌氧生物膜处理技术、脉冲多层复合滤池处理技术、垂直流+水平流组合湿地处理技术、厌氧+人工湿地处理技术、A/O+人工湿地处理技术、SBR+物化除磷处理技术、膜处理技术等 7 种农村生活污水处理技术,为农村生活污水处理技术评估提供基础。

/ 第 3 章 /

农村生活污水处理项目属性与特征

农村生活污水处理项目运行具备准公益性和经营性双重属性和特征,属于准公共产品。这不仅决定了项目运行中的主体、角色和行为关系,而且影响了农村生活污水处理技术评估和机制构建。本章首先分析农村生活污水处理项目属性和运行特征,其次界定农村生活污水处理项目运行过程中的主体、角色,并分析其行为关系,最后进行博弈分析。

3.1 农村生活污水处理项目属性分析

农村生活污水处理项目运行是对农村生活污水处理管道收集系统(入户管、支管、干管)和农村生活污水处理设施两部分进行维护管理,使之正常运转、发挥作用的过程和状态。本章分别从项目准公共产品属性、项目社会和生态环境属性,以及项目经济属性3个方面对农村生活污水处理项目属性进行分析。

3.1.1 项目准公共属性

农村生活污水处理项目的产权性质比较单一,基本是由政府投资建设,有2种形式:一种是以政府财政投资建设的农村生活污水处理项目,其产权为国家所有;另一种是由政府财政资金补助的联户建设的农村生活污水处理项目,其产权归受益户所有。从全国范围来看,95%以上的农村生活污水处理项目建设投资以政府财政支出为主[86]。农村生活污水处理项目能够满足对农户生产和生活等过程中产生的污水进行处理的公共需要,并相应具有公共产品特征。

1. 公共产品的定义

公共产品的经典定义由 Samuelson 提出[87]。他以下面两个等式对公共产品做出了界定：

$$X_{n+j} = X_{n+j}^{i} \qquad (式3.1)$$

即第 i 个人对第 $n+j$ 种产品的消费等于第 $n+j$ 种产品的总量；它区别于个人对私人消费产品的消费。

$$X_j = \sum_{l}^{s} X_j^{i} \qquad (式3.2)$$

即所有个人对第 j 种产品的消费之和等于第 j 种产品的总量。Samuelson 的定义包涵公共产品的两大特征：消费的非竞争性和受益的非排他性。

本书的研究对象——农村生活污水处理项目具备在设计处理规模内的消费非竞争性和受益的非排他性。

2. 公共产品的特征

每个消费者对公共产品的消费量等于其供给总量，即公共产品的第一个特征：消费的非竞争性。在项目设计阶段，以农村人口、户数为基础，以乡镇、村庄发展规划为导则，考虑村镇变迁、人口增长系数，计算项目处理规模，例如 50 t、100 t、150 t、200 t 等污水处理规模，并按照既定的污水处理规模进行建设。因此，每位农户对于农村生活污水处理项目的消费等于污水处理项目既定建设规模。例如在已建成的 100 t 处理规模项目中，农户 A 的消费是 100 t 处理规模，其他农户的消费也是 100 t 处理规模，并且各个农户互不影响彼此的消费。在未超过 100 t 处理规模时，该村新搬入村一位农户的边际消费成本为零。因此，其消费的非竞争性特征明显。

公共产品具备第二个基本特征，即受益的非排他性。在农村生活污水处理项目管线铺设和设施建成后，其使用和受益者是该村农户，在农户 A 使用的同时，并不能排除农户 B 的使用和受益。也就意味着若农户 A 不想让农户 B 享受项目运行带来的收益，则农村生活污水处理项目会面临技术障碍或者需要付出极其高昂的成本。假设农户 A 需要排除农户 B 对生活污水处理设施的使用，农户 A 需做如下处理：(1) 开挖农户 B 房前屋后铺设的管线；(2) 截断农户 B 所属的污水处理管线；(3) 调整并修复该村其余污水处理管线（包括支管与总管），以确保该村生活污水处理设施正常运行;(4) 回填土方。对于农户 A 而言,选择排除农户 B 使用该村生活污水处理项目,虽技术上可行但需承担高昂成本,该项选择并不理性。因此,项目的受益具有非排他性。

3.1.2 项目经济属性

1. 可交易性

如前所述,农村生活污水处理项目投资基本以政府财政支出为主,项目产权清晰,是一项民生工程。项目运行是为实现项目建设目的,即通过收集处理生活污水,改善农村生态环境,提高农村人民生活质量。因此,根据科斯定理可推导得出,本项目具有市场可交易性。在市场实际交易过程中,环境服务行业已经形成并得到发展。随着社会生态环境意识的提高,各个行业的环境标准与要求趋严,不少排污企业或者政府部门开始聘请专业环境服务公司,向其支付环境服务费用,由环境服务公司配备专业技术人员与设备,运用生化、物化等多重处理手段,对污染物中的总氮、总磷、氨氮、固体悬浮物等多项指标进行削减,最终达到排污标准,保证环境健康。因此,政府部门可在市场上购买农村生活污水处理项目运行服务,由专业的第三方技术服务公司管理项目运行工作,降低项目运行成本,提高项目运行效率,以保证项目正常有序运行,切实改善农民居住环境。同时,第三方技术服务公司也愿意运行管理污水处理项目。一方面,近年来环保市场竞争日趋激烈,降低了环保企业的盈利能力,环保企业为谋求发展急需寻找新的业务利润增长点。另一方面,农村生活污水处理项目具有面广量大的规模效应,并且在有一定保底运行处理污水量的前提下,项目运行收入稳定。所以,第三方技术服务公司愿意进入农村生活污水处理项目运行市场。在实际工作中,与第三方技术服务公司签订项目运行服务的甲方单位基本为政府部门,相较于其他企业单位,政府部门的诚信度与信誉度更高,运行管理费用基本由财政拨付,能保证运行收入来源,并且第三方技术服务公司通过与政府部门合作,也可以带来一定的政治收益。

2. 区域垄断性

农村生活污水处理项目运行具有自然垄断性和区域垄断性。自然垄断起因于规模经济或多样产品生产经济。朱伯铭[88]指出自然垄断的三个特征:(1) 存在大量沉没成本，企业一旦进入，在退出时无法收回成本；(2) 规模经济效益明显，随着产量扩大，长期平均成本不断下降；(3) 产品供给具有较强的地域性。具体来说，农村生活污水处理项目运行需要大量资本投资，投资一旦形成，资产专用性强，使用周期长，沉没成本大，对于给定的农村生活污水管网系统，接管的农户越多，生活污水收集量越大，则平均成本越低。因此，项目具有自然垄断性。此外，项目还具有区域性特征，不同区域之间的污水处理设施难以共享。受限于地形条件和现有的技术管理水平，跨区收集成本很高，难以建立范围很广的污水管网。

农村生活污水处理项目只能通过固定管网将农户产生的生活和生产污水输送至污水处理站进行处理达标排放，具有很强的区域性，因此项目运行市场相对独立，缺乏充分竞争。在这个相对独立的市场内，由于农村生活污水处理项目运行具有明显的规模经济与范围经济特色，项目前期投入大，使用周期长，资本专用性强，政府部门投入后不能立即回收成本，也不能改作其他用途，沉没成本高昂[89]。项目的运行成本在水价中有所体现，把污水处理视为商品并综合考虑污水处理数量、处理质量及处理成本三个因素计算其单位价格，本着"谁污染、谁付费"[90]"多排污、多付费"的原则进行费用分摊，保证项目的正常运行。同时结合政府补贴政策，形成合理的项目运行费用农户支付与补贴制度。按照现代的企业制度进行管理，市场化运作。

3.1.3 项目社会与生态环境属性

农村生活污水处理项目收集并处理农户日常生活产生的污水，解决以往污水任意排放带来的恶臭、污染地下水体、威胁居民健康等问题，并从感官与技术双重指标改善农村居住生态环境，建设美丽乡村，切实提高广大农民生活质量，改善民生，提高农村社会福利。

1. 主体多元性

在项目运行活动中，政府部门、农户、第三方技术服务公司等各利益相关主体之间关系复杂。主体的异质性决定了各利益相关主体的内在需求不同，关注点不同，他们在各自理性思维支配下所产生的行为将直接影响农村生活污水处理项目的可持续发展。多元主体的复杂性导致项目运行的管理界面较多，涉及的协调工作任务繁重。

2. 社会福利性

社会福利是指"以提高国民或地区居民的生活幸福为直接目的而进行的有组织的社会性活动的总称"[91],因此,社会福利可接近等同于改善民生,不断提高社会福利的过程实际上是持续改善民生的过程。污水处理项目建设投资是以政府出资为主,削减农户生活污水中的氮磷、总氮、总磷等污染物,改善农村环境。由于我国城乡二元体制的历史遗留问题[92],城市生活污水处理项目已普遍建成并稳定运行,现着力推广建设农村生活污水处理项目并确保其长效稳健运行,持续提高农户的幸福感和满意度,改善民生和社会公平性,具备社会福利性。

3. 区域管理性

区域管理是"有关机构和部门,通过一定的方法和手段,对区域的社会、经济、环境等问题,进行协调、控制和管理",也可以理解为"对某一特定区域的科学的管理"[93]。农村生活污水处理项目运行活动是地方政府在其行政管辖区域,依据法律法规及相关规章制度,综合管理协调包括第三方技术服务公司、农户等在内的多方利益关系,保证项目稳定有效运行。因此,项目运行活动具备区域管理性。

4. 生态环境效益

生态环境效益是农村生活污水处理项目的基本功能。农户的日常生活必须用水,用水后将会产生污水,污水如果得不到有效处理,将会危害农村水环境,进而破坏农村生态。此外,农村的水环境容量是稀缺资源,具有显著的环境资源价值。我国农村目前正处于飞速发展阶段,农村开发强度和污染物排放量不断增加,致使农村水环境承受前所未有的压力。农村生活污水处理项目由政府部门主导建设,用于处理农户产生的污水,污水经过处理后,削减氮、磷和有机物等污染物,最后达标排放。因此,农村生活污水处理项目的有效运行对于改善农村水环境,提高农村生态质量具有重要意义。

5. 正外部性

外部性,指某个(群)人的行动和决策使另一个(群)人受损或受益的情况[94]。根据作用效果的不同,外部性分为正外部性和负外部性。污水处理项目直接关系到农村人居环境,并将提高社会效益和环境效益,保障农户享受农村生活污水处理项目带来的环境提升,对农村小康社会的建成至关重要。因此,农村生活污水处理项目产生的整体效益大于农户消费者的私人利益之和,具有较强的正外部性。

3.2 农村生活污水处理项目特征

3.2.1 以政府出资为主,运行成本高、收益低

1. 以政府出资为主

农村生活污水处理项目建设是以各级政府出资为主,项目建设完毕、竣工验收后进入项目运行阶段,因项目本身具有较强的公益性和社会福利性,且考虑到我国绝大多数地区农户收入水平,所以目前项目运行管理费用基本仍由各级政府财政资金支付。

2. 运行成本高

农村生活污水处理项目运行成本通常包含三部分:(1) 农村污水管网运行成本;(2) 农村污水处理站运行成本;(3) 财务成本。农村污水管网运行管理内容主要包括农村污水管网的清通和养护、农村污水管网系统附属设施的检查维护。由于农村生活污水分散、规模小,运行负荷率偏低,其运行、维护费用较高,另外由于管网本身建设投资成本高,折旧费用也相对较高。以苏南地区乡镇为例,每个乡镇下设 30~40 个行政村,一个行政村包含 3~8 个自然村。当前污水处理项目建设与运行均是以自然村为单位。一个自然村有 200~800 户,其对应的污水管网总长度是 3~6 km,由此可以计算得出一个行政村的污水管网总长度是 9~48 km,一个乡镇的污水管网总长度是 270~1 920 km。但需要注意,各个自然村的污水管网是相互独立的,并不联通,所以,在日常运行管理工作中,需单独派遣技术人员前往各个自然村巡检维护污水管网。污水处理站运行成本主要包括设备运行造成的电费、人工费、污泥处理费、设备维护管理费、折旧费。如前所述,各个自然村的污水处理项目是单独建设的,也就意味着一个自然村就有一个污水处理站。所以,一个行政村需要运行管理 3~8 个污水处理站,一个乡镇需要运行管理 90~320 个污水处理站。每个污水处理站都需要专人单独运行维护。财务成本是指部分污水处理项目在建设期向银行借贷,进入运行期需要

逐渐向银行还本付息、偿付投资回报等。2017年全国农村生活污水排放量约 $148×10^8$ t，按照吨水运行成本 $0.5\sim0.8$ 元/t 计算，每年需要运行成本 $74\sim118.4$ 亿元[95]。所以，项目运行成本高。

3. 收益低

项目运行还有两个特点：一方面，我国农村地区经济社会发展不平衡、自然地形差异大、生活习惯差异大等造成污染的特征差异大。另一方面，各地建设标准不一，处理工艺多样、处理规模偏小，司国良等[96]指出项目运行管理需要专业组织、专业人员、专业制度。目前污水处理项目运行管理费用基本由各级政府财政支出，已经构成了较大的财政压力，并且污水处理费用的收取也需要考虑到服务对象即广大农户的经济承受能力，所以，农村生活污水处理项目运行收益低。

综上所述，项目运行具有以政府投资为主，运行成本高，收益低的特征。

3.2.2 项目多目标交织

1. 社会发展目标

社会发展目标是体现农村生活污水处理项目运行的共同利益。国家通过项目实施实现宜居乡村建设，改善农村居住环境，促进全社会经济社会发展；地方通过项目运行改善区域环境，有利于招商引资，促进地方经济社会发展；政府部门通过项目运行实现部门职能，取得群众满意；农户通过项目运行实现污水收集、处理，改善卫生条件，促进健康。社会发展目标相互作用，相互影响。国家目标、地方目标、政府部门目标和农户目标是分层、分等级，逐步细化具体实现的。如浙江安吉通过农村生活污水处理项目运行，实现地区的和谐发展，发展乡村旅游，提高农户收入，促进地方经济发展，进而实现国家社会发展目标。

2. 经济目标

经济目标是农村生活污水处理项目运行的基本目标，主要包括提高地区GDP、促进就业等。项目运行一方面由政府通过污水处理费的形式进行直接的资金投入，另一方面，促进运行管理人员直接就业。农村生活污水处理项目只能通过固定管网将农户产生的生活和生产污水输送至污水处理站进行处理达标排放，具有很强的区域性，因此项目运行市场相对独立，缺乏充分竞争。在这个相对独立的市场内,由于项目运行具有明显的规模经济与范围经济特色,项目前期投入大、使用周期长、资本专用性强,政府部门投入后不能立即回收成本,也不能改作其他用途,沉没成本高昂。

3. 生态环境目标

生态环境目标是生活污水处理项目运行的关键指标。主要包括水污染物削减量、生物多样性、美丽宜居乡村建设等。通过项目运行改善农户生活和生产条件,改善水环境,提高农村生态环境。以农村水环境承载力和环境的敏感程度为基础,提出项目运行的生态环境指标,构建生态安全屏障。

农村生活污水处理项目是一项基础性的民生工程,关系到广大农户的切身利益、社会稳定以及社会主义新农村建设的成效。生态性体现在"绿水青山就是金山银山","保护生态环境就是保护生产力"。处理农村生活污水,营造良好农村生态环境,提供给农民感受和体会最直接、最深的准公共产品。农村污水的收集和处理尤为重要,当污水无法得到处理,就会污染环境,还可能影响农业灌溉,进而影响农产品产品和质量[97]。

综上所述,项目运行具有多目标交织的特征。

3.2.3 项目多主体冲突

1. 政府与技术服务公司冲突

在农村生活污水处理项目运行中,政府部门与技术服务公司建立了委托代理关系并签订相应的委托代理合同。在这份合同中,明确约定了双方的权利与义务。政府部门作为甲方需要向乙方技术服务公司支付污水处理费,乙方技术服务公司需要投入专业技术人员、专业配套设备运行管理农村生活污水处理项目。在这层委代关系中,乙方技术服务公司存在发生道德风险与逆向选择的可能。因为双方存在信息不对称,乙方技术服务公司可能利用其拥有的信息优势,选择不尽责运行管理项目,减少专业人员与设备的投入,以降低运行管理成本,获取更大的利润[98]。因此,在技术服务公司选择不尽责运行管理污水处理项目时,甲方政府部门的利益受损,由此,政府部门与技术服务公司的冲突就产生了。政府部门为保证自身利益不受侵害与项目正常运行,需要制定相关制度加强对技术服务公司的监管。

2. 政府与农户冲突

农户是农村生活污水处理项目运行的直接受益者,项目良好运行将改善农户的生产与生活环境。同时,农户普遍认为,既然政府部门出资建设了项目,那么,由政府部门负责项目运行也是理所应当的,其并不愿意投入时间、精力与金钱参与项目运行管理。但是,政府财政已经承担项目建设资金,希望探索建立农户污水处理费用缴纳制度,减轻财政压力,并希望农户通过多种形式参与项目运行管理,最终实现项目正常良好运行。这是农户与政府部门产生冲突的一个方面。当农户缴纳污水处理费用后,就会积极监督项目运行效果。如果在项目运行过程中发生管道淤堵、风机故障、跳闸断电、人工湿地植物枯萎等问题,农户不满意项目运行效果,将会质疑政府部门的公信力,部分农户会选择直接向政府部门投诉项目运行问题与故障,这是农户与政府部门产生冲突的另一个方面。

3. 技术服务公司与农户冲突

技术服务公司在农村基层一线管理运行农村生活污水处理项目,其直接面对项目运行的受益者,即农户。如果在项目运行中发生如尾水水质不达标等问题,农户因生活环境与自身健康受到威胁,将直接与技术服务公司发生冲突。在项目运行过程中,农户具有人缘与地缘优势,其如果观察到技术服务公司存在下列行为:运行技术人员长期不在岗,运行技术设备落后陈旧,出现运行故障且保修长期未得到处理等,农户就会认为技术服务公司只追求自身经济利益,不尽责做好项目运行管理工作。尤其当农户缴纳污水处理费后,农户与技术服务公司的冲突将更加容易发生。

综上所述,政府、技术服务公司、农户三者在农村生活污水处理项目运行环节决策与决策执行中的矛盾与冲突就在所难免。

3.3 农村生活污水处理项目主体分析

主体分析是对事件过程中的相关利益主体进行分析,分析各利益相关主体的行为、需求、关系及他们对决策的影响,帮助企业制定战略及实现目标[99]。Donaldson 和 Preston[10]将利益相关主体分析划分为三种类型。Reed 等[100]梳理不同学科领域对利益相关主体理论的运用,并做相应归纳总结,见图 3.1。

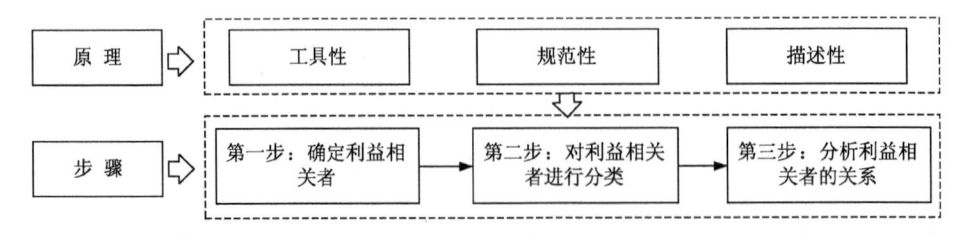

图 3.1 利益相关主体分析的原理、步骤和方法

Elias[101]对环境管理规划中的利益相关主体冲突进行了分析。利益相关主体分析研究方法与步骤见图 3.2。

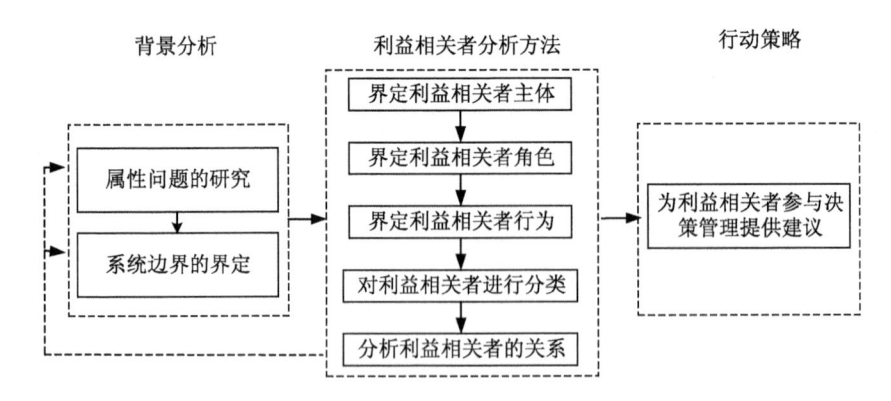

图 3.2 利益相关主体分析的方法论

3.3.1 农村生活污水处理项目主体界定

农村生活污水处理项目运行具有准公益性特征,因此本书对类似项目的利益相关主体研究做出归纳总结分析,见表 3.1。

表 3.1 利益相关主体总结分析研究

研究人员	研究内容	界定的各主体及其分类
吴泽斌等[33]	农村综合公共服务	利益相关主体:(1)主要型,即政府采购部门、服务承包商、农村居民;(2)次要型,即政府监管部门、服务承包商的竞争者、社会组织等;(3)潜在型,即服务外包旁观者
崔晓芳等[102]		利益相关主体:(1)权威型,即中央、地方政府(基层政府);(2)营利型,即企业;(3)自愿型,即村委会、农村居民和非营利组织

续　表

研究人员	研究内容	界定的各主体及其分类
沈费伟等[103]	农村水环境污染治理	利益相关主体：政府、企业、城市、村民、社会组织、科研院所等
于潇等[95]		利益相关主体：地方政府、排污企业、环境服务商、农村村民、村委会、第三部门、学术团体（以地方政府为主导，充分利用各种力量和资源的农村水环境网络治理框架）
杜焱强等[104]		利益相关主体：政府、企业、村民、村委
陈晓宏等[105]		利益相关主体：政府、农村社区居民、社会力量
雷杰[106]	农村环境保护	农民是农村环境保护的主体
郜彗[107]	农村人居生态基础设施建设	利益主体：村民、企业、政府

由表 3.1 可知，农村生活污水处理项目运行活动中涉及的利益相关主体包括：中央政府、地方政府、农户、运行服务商、村委会、学术团体、社会力量等。本研究结合实际调研，并通过专家访谈、专家问卷调研等方式最终确认农村生活污水处理项目主体如下：政府部门、农户、第三方技术服务公司、社会组织。

1. 政府部门

本书是对农村生活污水处理项目运行进行整体研究，若将利益相关主体划分过细过多，容易模糊研究重点，因此本研究将中央级、省级、市级、区级（县级）及乡级（镇级）政府，各级水务（水利）局、环保局、财政局、物价局等政府主管部门合并归纳为政府部门。政府部门组织概化情况见图 3.3。

2. 第三方技术服务公司

第三方技术服务公司是指专业治理污染的机构或单位。通常，政府部门向第三方技术服务公司支付污染治理费用，由其治理污染并满足国家排放要求[108]。

水环境污染第三方治理机制是指排污企业或政府委托第三方环境服务公司进行污染减排并支付费用[109]。这与以往的污染治理方式不同，由专业机构治理污染，降低成本并提高效率，改善了生态环境[110]。

本书所指的第三方技术服务公司是指与政府部门签订委托代理服务合同，

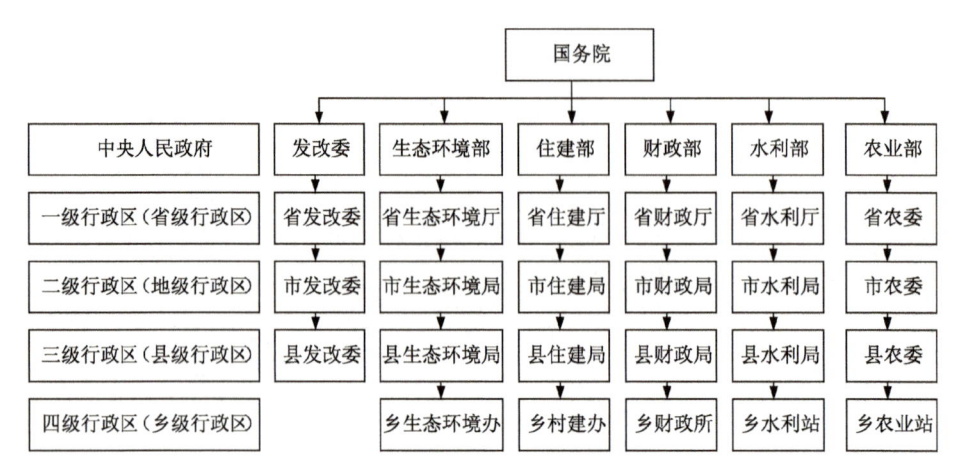

```
                                    国务院
       ┌──────────┬──────────┬──────────┼──────────┬──────────┬──────────┐
   中央人民政府   发改委   生态环境部   住建部    财政部    水利部    农业部
   一级行政区(省级行政区) 省发改委 省生态环境厅 省住建厅 省财政厅 省水利厅 省农委
   二级行政区(地级行政区) 市发改委 市生态环境局 市住建局 市财政局 市水利局 市农委
   三级行政区(县级行政区) 县发改委 县生态环境局 县住建局 县财政局 县水利局 县农委
   四级行政区(乡级行政区)         乡生态环境办 乡村建办 乡财政所 乡水利站 乡农业站
```

图 3.3　政府部门组织结构概化图

配套并投入专业技术人员、设备等运行管理农村生活污水处理项目的环境服务企业。

3. 农户

农户作为农村的主要经营主体，是农村的基本决策单位，指主要从事农业生产活动的农村常住人口。本书所研究的农户指的是日常生活中产生并排放生活污水的污染者，也是污水处理项目运行的受益者。

4. 社会组织

社会组织是指人们为了实现某一目标，依据相应的规则、制度等建立的集体[111]。本书所指的社会组织包括村委会、公众、高校院所、科研机构、学术组织、舆论传媒、非政府组织等，其愿意参与农村生活污水处理项目运行。

因此，最终确定的最具代表性的农村生活污水处理项目主要利益相关主体有四类，分别是政府部门、农户、第三方技术服务公司和社会组织。其中，政府部门和第三方技术服务公司实际上是最主要的利益相关主体，而农户和社会组织的影响力也正日益增大。

3.3.2　农村生活污水处理项目主体定位

角色是指处于一定社会地位的个体或组织，依据社会客观期望，借助自己主观能力适应社会环境所表现出的具有情景性的行为模式。在项目运行中，各主体的角色定位见表 3.2。

表 3.2　农村生活污水处理项目主体角色定位

项目	组织类型	包含类型	主要角色定位
主要利益主体	政府部门	中央级、省级、市级、区级(县级)及乡级(镇级)政府,各级水务(水利)局、环保局、住建局、财政局、物价局及发改委等政府主管部门	投资者、监管者
	第三方技术服务公司	第三方技术服务公司	管理者
	农户	农户	污染者、受益者、监督者、管理参与者
	社会组织	村委会、公众、高校院所、科研机构、学术组织、舆论传媒、非政府组织等	监督者、管理参与者

1. 政府部门角色定位

政府部门在项目运行管理中的角色非常重要,其肩负下列角色:(1) 项目的投资者;(2) 项目运行的监管者。本书的研究对象是农村层面的生活污水处理运行,因此最终界定的政府部门为中央级、省级、市级、区级(县级)及乡级(镇级)政府,各级水务(水利)局、生态环境局、住建局、财政局、物价局及发改委等政府主管部门。如前文所述,农村生活污水处理项目主要是由政府财政资金投资建设,因此,政府部门是项目的投资者。待政府部门投资建设完毕、项目竣工验收后,在项目运行阶段,政府部门聘请第三方技术服务公司运行管理农村生活污水处理项目,并从各级政府财政资金中拨付运行费用至第三方技术服务公司。为保障项目正常稳健运行,政府部门需履行其监管职责:(1) 制定农村生活污水处理项目运行相关法律法规、规范标准和发展规划;(2) 综合运用行政处罚、补贴、奖励等手段方式,监督管理第三方技术服务公司,确保其尽责运行管理农村生活污水处理项目;(3) 提高农村环保健康意识,开展农户宣传教育工作,培养农户环保卫生意识,营造环保、卫生、健康的农村新风尚;(4) 构建农村生活污水处理项目运行社会团体监督、技术合作交流平台,调动社会力量积极参与农村生活污水处理项目运行活动。因此,政府部门是项目运行的监管者。综上所述,政府部门既是农村生活污水处理项目的投资者,又是农村生活污水处理项目运行的监管者。

2. 第三方技术服务公司角色定位

第三方技术服务公司在农村生活污水处理项目运行活动中的角色定位是管

理者。第三方技术服务公司通过配备专业设备设施和技术人员,提供运行管理服务,以尽责管理项目运行活动。在项目运行活动中,第三方技术服务公司承担如下管理工作:(1)员工业务知识与技能培训;(2)日常管道设备巡检;(3)定时管道设备维护检修;(4)监测出水水质指标等,确保项目长期稳健运行。但需注意,第三方技术服务公司本质上是追求自身利益或效用的最大化的"经济人",在项目运作中,第三方技术服务公司存在片面追求其自身经济利益而忽视环境效益和社会效益的可能。在设计运行机制时,如果欠缺严格的监管机制和有效的奖惩手段,第三方技术服务公司出于自身经济利益考虑会选择减少对农村生活污水处理项目运动活动的投入,以降低成本,从而直接影响项目正常稳定运行,因此,需加强对第三方技术服务公司的生产经营行为的监管、监督,以确保其尽责运行管理农村生活污水处理项目。

3. 农户角色定位

农户在项目运行活动中的角色复杂,身兼下列角色:(1)农村生活污水的制造者,即污染者;(2)项目运行的受益者;(3)项目运行的监督者;(4)项目的管理参与者。农户在日常生活中排污制污,所以,农户是农村生活污水的制造者,即污染者。按照污染者支付一定费用原则,农户有义务分担部分运行成本以保障农村生活污水处理项目的正常有序运行。在充分考虑农户的承受能力和支付意愿的前提下,充分运用农村生活污水处理项目运行价格调节的杠杆作用,探索建立合理的项目运行费用农户支付和补贴制度,分担政府部门财政支出压力,实现政府部门、农户及第三方技术服务公司之间的利益均衡。农村生活污水处理项目运行的服务对象是广大农户,目的是改善农村环境,提高农户生活质量。因此,农户是项目运行活动的受益者。农户作为项目运行的直接受益者,对稳定、高效的生活污水处理运行具有刚性需求。为保障和改善自身生活品质,农户将积极监督农村生活污水处理项目运行质量和效率,成为项目运行的监督者。农村生活污水处理项目运行效果直接影响农户的生活质量和居住环境,因此农户应当积极参与管理农村生活污水处理项目运行活动,改善自身用水行为,做到生活污水源头减量,因此,农户又是农村生活污水处理项目运行的管理参与者。综上所述,农户既是农村生活污水的制造者(即污染者),又是项目运行的受益者、监督者、管理参与者。

4. 社会组织角色定位

社会组织在项目运行中担任如下角色:(1) 项目运行的监督者;(2) 项目运行的管理参与者。社会团体因资金来源独立及人才资源丰富,具有灵活性和多样性等优势,有助于监督和参与管理项目运行。村委会,是村民通过民主选举产生的自治组织。农村生活污水处理项目运行与农村环境质量息息相关,因此,村委会将作为村民代表监督农村生活污水处理项目运行活动。同时,村委会可组织培养当地农户参与农村生活污水处理项目运行管理。科研单位、高等院校、环保组织、环保企业等社会组织以其专业知识和技术通过抽检出水水质等方式监督农村生活污水处理项目运行活动。同时,这些社会组织还可充分利用其专业素养通过以下方式参与管理农村生活污水处理项目运行:(1) 开展农村生活污水处理项目运行技术、工艺、装备研发工作;(2) 组织科研骨干力量编写优化农村生活污水处理项目运行维护技术指南和导则;(3) 选派专业技术人员驻村开展农村生活污水处理项目运行技术培训。因此,社会组织是农村生活污水处理项目运行的监督者和管理参与者。

3.3.3 农村生活污水处理项目主体分类

1. 利益相关主体分类研究

对利益相关主体的分类研究是基于各类利益群体的相似属性和与组织关系的紧密程度进行的,有助于理解各类利益相关主体之间的关系。利益相关主体分类研究由 Freeman 开启先河,随后由 Charkham、Clarkson、Mitchell&Wood、Wheeler 等学者对利益相关主体分类研究进行补充和完善,见表 3.3。

表 3.3 利益相关主体分类研究情况

学者	分类依据	分类类型
Freeman[8]	所有权、经济依赖、社会利益	①对企业拥有所有权型;②与企业在经济上有依赖关系型;③与公司在社会利益上有关系型
Savage[112]	利益相关主体的威胁潜力与合作潜力	①支持型;②边缘型;③混合型;④反对型
Charkham[9]	是否与企业存在交易性合同关系	①契约型;②公众型

续 表

学者	分类依据	分类类型
Clarkson[113]	在经营活动中承担的危险种类	①自愿型；②非自愿型
Clarkson[99]	与企业联系的紧密性	①主要型；②次要型
Mitchell&Wood[114]	合法性、紧迫性、权力性	①确定型；②预期型；③潜在型
Wheeler[115]	社会维度	①主要社会型；②次要社会型；③主要的非社会型；④次要的非社会型
Su[116]	与企业的关系	①内部型；②外部型
贾生华等[117]	主动性、重要性、紧迫性	①核心型；②蛰伏型；③边缘型

2. 利益相关主体分类方法

目前国内外利益相关主体的分类研究，采用两种主流方法：多维细分法；Mitchell评分法，见表3.4。

表3.4 利益相关主体分类方法研究情况

分类方法	学者	主要结论
多维细分法	Charkham[9] Clarkson[113] Clarkson[99] Wheeler[115]	多维细分法从多角度、多维度对利益相关主体进行细分，丰富了对利益相关主体理论上的理解，但该类分析方法以定性理论分析为主，缺乏实践和普适性，在具体实践工作中应用不多
Mitchell评分法	Mitchell、Agle和Wood[114]	Mitchell评分法的运用基于以下三个属性：①权力性，某一个体或群体是否拥有影响企业决策的地位、能力和相应的手段；②合法性，某一个体或群体是否被赋有法律上、道义上或者特定的对于企业的索取权；③紧迫性，某一个体或群体的要求能否立即引起企业管理层的关注； 分类如下：①确定型，即同时拥有三个属性；②预期型，即同时拥有两个属性；③潜在型，即只拥有一个属性；Mitchell评分法结合定性与定量分析，增强了可操作性，在具体实践工作中广为使用

3. 农村生活污水处理项目运行主体分类

在上述研究中，本书已经确定农村生活污水处理项目运行利益相关主体包括：政府部门、第三方技术服务公司、农户和社会组织，并对上述四类利益相关主体做出角色分析。现使用 Mitchell 评分法并邀请专家对上述四类利益相关主体从权力性、合法性、紧迫性三个维度进行 5 分制赋值,其中 5 分表示权力性、合法性、紧迫性等级最强,4 分次之,分值越小等级越弱,1 分表示权力性、合法性、紧迫性等级最弱,专家来自于政府环境、水务等部门,以及环境运行服务、环境管理、环境工程等领域。

专家对利益相关主体在权力性、合法性、紧迫性三个维度的评分情况见表 3.5。

表 3.5　农村生活污水处理项目运行利益相关主体三维评分结果

农村生活污水处理项目运行利益相关主体	属性		
	权力性	合法性	紧迫性
政府部门	4.85	4.78	4.81
第三方技术服务公司	4.76	4.73	4.69
农户	1.72	4.03	3.37
社会组织	1.53	3.38	2.03

结合表 3.5 的结果,可以将农村生活污水处理项目主体进行分类,分类结果如下:政府部门和第三方技术服务公司属于确定型利益相关主体;农户属于预期型利益相关主体;社会组织属于潜在型利益相关主体。

3.4　农村生活污水处理项目主体行为分析

3.4.1　政府部门行为

如前所述,政府在农村生活污水处理项目运行活动中担任如下角色:(1) 项目的投资建设者;(2) 项目运行的监管者。目前农村生活污水处理项目基本上是由政府部门出资建设,在项目建设竣工之后就进入项目运行阶段。政府部门作为项目的产权所有者和项目运行服务的提供者,需要履行项目运行服务职责,完成农村生活污水处理项目运行工作。如果由政府部门直接运行管理项目,会产生项目运行成本高、效果差、效率低等问题。这是因为基层一线政府部门人员编制紧缺,在乡(镇)一级的基层政府中农村生活污水处理项目对应的管理部门是乡(镇)建办或乡(镇)管所。乡(镇)建办或乡(镇)管所的工作范围与职责涵盖其行政范围辖下的各行政村、自然村等区域内的公路建设、房屋拆迁、村庄整治等工作。农村生活污水处理项目只是村庄整治工作中的一项内容。在编制紧缺的情况下,无专人分管农村生活污水处理项目运行工作并不现实,这就造成农村生活污水处理项目运行效果与效率难以保证,经常出现项目运行故障,无法正常运转,既不能实现农村生活污水处理项目的建设目的,又不能提高农户对政府工作的满意度。因此,政府部门在市场上公开发布其项目运行管理需求,通过公开招投标、竞争性谈判等方式,择优选取一家第三方技术服务公司负责其行政管辖范围内的农村生活污水处理项目运行管理工作。政府部门利用第三方技术服务公司的专业性降低项目运行成本,改善项目运行效果,提高项目运行效率。但第三方技术服务公司具备"经济人"的特性,其运行管理农村生活污水处理项目是为了追求自身利益。故政府部门在市场上选择第三方技术服务公司时,不能以项目运行管理费用为唯一选择指标,还应综合考虑其技术实力、以往成功经验或案例等指标,以保证最终确定的第三方技术服务公司具备良好的运行管理技术力量。同时在日常运行管理工作中,政府部门也需要加强对第三方运行管理公司的监管,充分运用污水处理费动态调整机制、奖惩机制等多种形式,调动第三方技术服务公司的工作积极性。政府部门定期考核第三方技术服务公司的运行管理工作绩效,如发现其运行管理工作绩效较差,农户多有不满,应对其实施惩罚措施;如发现其运行管理工作绩效较好,农户满意度高,则应给予奖励或补贴,激励第三方技术服务公司继续良好运行农村生活污水处理项目,最终实现项目稳定良好运行。

3.4.2 第三方技术服务公司行为

如前所述,第三方技术服务公司是农村生活污水处理项目运行活动中的管理者。在项目竣工验收后,因为政府部门直接运行管理该项目会面临成本高、效率低等问题,所以引入第三方技术服务公司以提高项目运行管理效率。通常政府部门会通过网络等方式公开发布项目运行管理需求信息,第三方技术服务公司获取相关项目运行招标信息后,比照招标文件要求,确定自身最后报价,形成标书参与投标,中标后与政府部门签订委托代理合同。第三方技术服务公司投入专业技术人员运行管理项目,政府部门则对其进行监管,抽调现场检查人员、安排尾水水质抽样人员并做相应检测,由于人力、物力等因素限制,政府部门基本上只能实现对第三方技术服务公司的抽样检查工作,而无法做到日常监管。因为第三方技术服务公司与政府部门之间存在信息不对称,第三方技术服务公司明显掌握信息优势,所以第三方技术服务公司会选择不按照委托代理合同约定内容履行自身义务,即不尽责运行管理项目。第三方技术服务公司愿意运行管理农村生活污水处理项目,是为了扩展市场份额,获得经济利益。在招投标阶段,为了确保自身中标,第三方技术服务公司会尽量压低报价,但为了获取经济利益,其又会采取以下方式降低运行成本:减少项目运行管理技术人员的投入、选择不更新项目运行技术设备、减少对项目运行管理技术人员业务技能培训次数、不按时按期巡检项目管网设施、不及时维修项目运行故障等。第三方技术服务公司上述行为已违反委托代理合同约定,直接影响项目运行效果,损害政府部门和农户利益。因此,当政府部门在对第三方技术服务公司进行监管时,发现其有不尽责运行管理的行为时,必须对其实施严厉惩罚措施,以确保该类不尽责运行行为不再发生,从而保障自身和农户利益;同时采取措施鼓励农户积极参与管理项目运行。农户具备人缘与地缘双重信息优势,其参与项目运行管理可以帮助政府部门改善其所处的信息劣势地位,也迫使第三方技术服务公司减少不尽责运行管理项目行为,按照委托代理合同约定内容,投入足额的专业设备和技术人员尽责运行管理项目。

3.4.3 农户行为

如前所述,农户在农村生活污水处理项目运行活动中担任如下角色:(1) 农村生活污水的制造者,即污染者;(2) 项目运行的受益者;(3) 项目运行的监督者;(4) 项目运行的管理参与者。农户在日常生活中洗衣、洗菜等行为自然会产生厨厕生活污水,因此衍生出项目运行管理的需求。农户愿意享受项目运行而带来的美好生活环境,但出于对自身利益的考虑,其并不愿意投入时间、资金、精力去参与管理项目运行工作。但仅凭政府部门与第三方技术服务公司运行管理项目会遇到如下问题:项目运行管理费用是每个财政年度都需要支付的,如果由政府部门单方支付运行管理费用,会给政府财政支出带来压力;监管第三方技术服务公司工作需要花费政府部门人力、物力、财力等成本,而政府部门由于编制人员紧缺等问题,对第三方技术服务公司的监管工作存有漏洞和盲区,后者会利用其自身掌握的信息优势,选择不尽责运行管理项目,直接损害农户的利益。鉴于此,项目运行管理工作需要农户参与。既然生活污水是由农户产生的,农户就应承担其污染的责任和义务,缴纳污水处理费用,分担部分项目运行管理成本,减轻政府部门财政支出压力。在农户缴纳污水处理费用后,其自身态度会发生相应转变,就会选择参与监督第三方技术服务公司的项目运行管理工作。相较于政府部门和第三方技术服务公司,农户具有本土本村的人缘与地缘双重优势,可以帮助政府部门监督第三方技术服务公司,包括第三方技术服务公司技术人员是否按时到岗,是否定期疏通污水管道,是否定期维护人工湿地植物,是否及时处理运行故障等,从而降低政府部门的监管成本压力。同时,农户也具备理性的经济思维,因为污水处理费是按照生活用水吨数收取,所以农户会自发选择改善自身用水行为,从源头上减少生活污水的产生。这样,第三方技术服务公司需要运行管理的生活污水也相应减少,运行管理成本也随之降低。因此,农户积极参与项目运行管理,将会促进项目整体良好稳定运行。

3.4.4 社会组织行为

如前所述,社会组织在农村生活污水处理项目运行活动中担任如下角色:(1)项目运行的监督者;(2)项目运行的管理者。农户参与管理项目运行后,对政府部门和第三方技术服务公司的成本、收益、信息和行为等均产生重要影响,并有助于促进项目高效稳定运行。但是,农户参与项目运行管理面临的一大难题是其未接受过正规污水处理专业系统教育,自身技术能力水平低、技术素养差,参与项目运行管理程度不高。面对这一困难,高校院所、科研机构等社会组织应充分发挥其专业技术强的优势,一方面积极参与监督农村生活污水处理项目运行工作,另一方面提供技术培训等服务帮助农户提高项目管理的参与程度。高校院所、科研机构等社会组织可以帮助政府部门检查第三方技术服务公司的项目运行管理工作,派出技术骨干随政府部门现场检查,帮助政府部门采取出水水样并做检测分析,协助政府部门完成第三方技术服务公司绩效考核报告。同时,高校院所、科技机构等社会组织针对农户专业技术匮乏的问题,积极主动开展送教上门等活动,为农户提供技术培训,向农户介绍农村生活污水处理项目运行原理，讲解项目运行过程中的注意事项，解答农户在参与项目运行管理时产生的疑惑，切实帮助农户提高专业技术能力水平，以更好地监督第三方技术服务公司的运行管理工作。在农户参与项目运行管理过程中，村委会将发挥其组织管理农户的作用。在农村，通过各家各户选举产生的村主任、村支书、生产队长等人员，其相较于其他农户通常具有更高的技术知识背景并且在当地具有较高的社会威望，便于开展农户组织管理工作。因项目运行效果与农户生活质量直接相关，村委会可组织农户参与项目运行管理。村委会组织农户在农闲时期通过下列方式参与项目运行管理工作，例如清捞污水管道垃圾、修剪人工湿地植物、清扫人工湿地腐烂植物等，以自身实际行动参与项目运行管理。同时，农村地区的部分农户因自身生活习惯、知识教育水平等原因，环保健康意识不强。虽然政府部门和高校院所、科研机构等社会组织开展了生态环保宣传教育工作，但切实转变农户思想尚需时日。村委会成员可以借助自己在当地的社会威望，通过自身行动潜移默化地影响农户转变思想，树立环保健康的农村新风尚。社会组织通过自身行动与努力促使项目良好稳定运行。政府与社会组织交流互动关系见图 3.4。

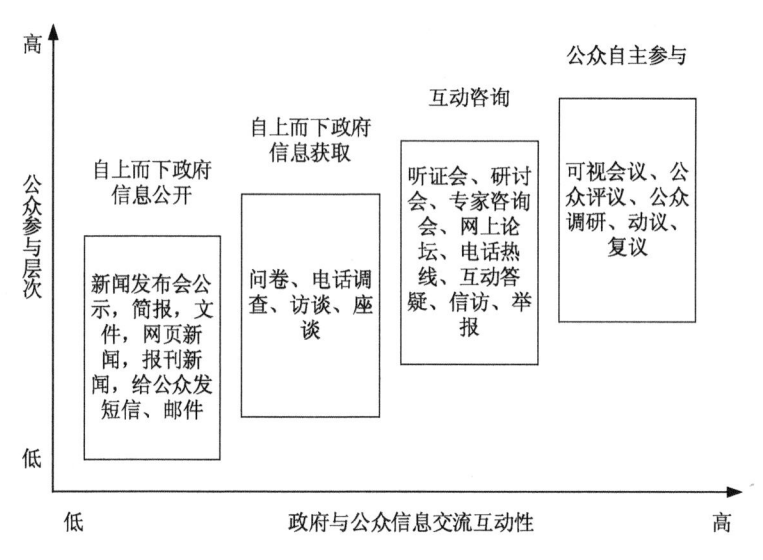

图 3.4　政府与社会组织交流互动关系

农村生活污水处理项目运行的利益相关主体行为分析见图 3.5。

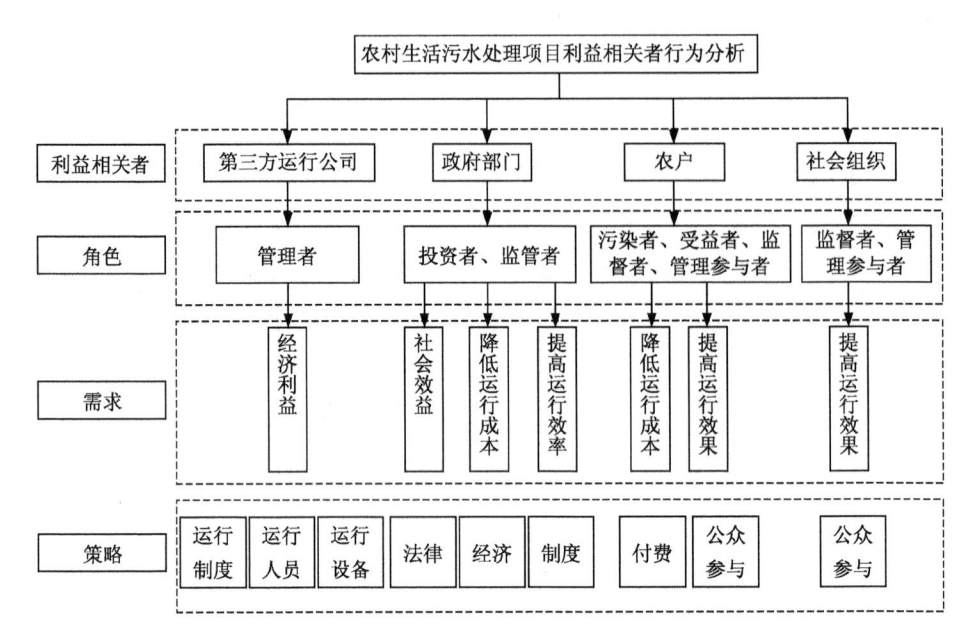

图 3.5 农村生活污水处理项目运行的利益相关主体行为分析

3.5 农村生活污水处理项目博弈分析

3.5.1 问题描述

基于农村生活污水处理项目运行利益相关主体关系，本书将项目运行利益相关主体博弈行为划分为两个部分：第一部分是项目投资完成进入运行阶段期间，政府与第三方技术服务公司的委托代理博弈行为；第二部分是按照污染者支付一定费用原则，农户一方面要缴纳农村生活污水处理费，另一方面作为农村生活污水处理项目运行的受益者，其积极参与项目运行管理机制。

1. 政府部门与第三方技术服务公司的博弈模型假设

假设政府部门选择监管第三方技术服务公司，需要付出一定的监管成本 C_1（元），并对尽责运行管理农村生活污水处理项目设施的第三方技术服务公司给予奖励 J（元）；对不尽责运行管理农村生活污水处理项目设施的第三方技术服务公司处以罚款 T（元）；第三方技术服务公司尽责运行管理农村生活污水处理项目时，政府部门的收益是 R_1（元）；第三方技术服务公司不尽责运行管理农村生活污水处理项目时,政府的收益是R_2(元),显然,$R_1 > R_2$;第三方技术服务公司尽责运行管理农村生活污水处理项目时,需要付出的运行管理成本为C_2(元);政府部门需要向第三方技术服务公司支付的运行管理费用,即第三方技术服务公司收入为R_3(元)。博弈模型各变量及其定义见表3.6。

表3.6 博弈模型各变量及其定义

变量	定义
R_1	当第三方技术服务公司尽责时,政府部门的收益
R_2	当第三方技术服务公司不尽责时,政府部门的收益
R_3	第三方技术服务公司收入
C_1	政府部门的监管成本
C_2	第三方技术服务公司尽责运行管理的成本
J	第三方技术服务公司尽责运行管理时的奖励
T	第三方技术服务公司不尽责运行管理时的罚款

2. 农户事实参与项目运行

农户缴纳生活污水处理费,相当于把环境成本/环境损失从社会承担部分转移到污染者(农户)承担。虽然与第三方技术服务公司签署运行管理合同的甲方单位是政府部门,但在污染者(农户)缴纳污水处理费后,从实质上而言,农户部分承担了甲方的责任,并也将行使甲方的权利。农户事实参与项目运行后,对政府部门、第三方技术服务公司、农户自身将产生如下影响:(1)第三方技术服务公司尽责运行管理的成本将下降。农户作为污染者缴纳污水处理费后,将自发改善用水习惯,减少污染物的产生与排放,故第三方技术服务公司尽责运行管理的成本将下降。(2)政府部门的监管成本将下降。因农户具有天然的地理优势和人缘优势,其积极参与监督并协助政府部门对第三方技术服务公司实施监管,故政府部门对第三方技术服务公司的监管成本将下降。(3)当第三方技术服务公司尽责运行时,政府部门的收益将提高。第三方技术服务公司尽责运行管理将提升农户对政府部门的满意度和信任感,项目运行带给政府部门的收益将上涨。(4)当第三方技术服务公司不尽责运行时,政府部门的收益将降低。第三方技术服务公司不尽责运行管理将降低农户对政府部门的满意度和信任感,项目运行带给政府部门的收益将下降。

假设第三方技术服务公司尽责运行管理的成本下降系数是β_1,则在引入农户并对农户(污染者)收取污水处理费后,第三方技术服务公司尽责运行管理的成本是$(1-\beta_1)C_2$;政府监管成本下降系数是β_2,则在引入农户并对农户(污染者)收取污水处理费之后,政府部门对第三方技术服务公司的监管成本是$(1-\beta_2)C_1$;政府部门的收益提升系数是α_1,当第三方技术服务公司尽责时,政府部门的收益是$(1+\alpha_1)R_1$;政府部门的收益下降系数是β_3,当第三方技术服务公司不尽责时,政府部门的收益是$(1-\beta_3)R_2$。农户事实参与项目运行的新增变量及其定义见表3.7;农户事实参与项目运行的所有变量及其定义见表3.8。

表3.7 农户事实参与项目运行的新增变量及其定义

变量	定 义
β_1	农户参与后,第三方技术服务公司尽责运行管理的成本下降系数
β_2	农户参与后,政府部门监管成本下降系数
β_3	农户参与后,政府部门的收益下降系数
α_1	农户参与后,政府部门的收益提升系数

表3.8 农户事实参与项目运行的所有变量及其定义

变量	定 义
$(1+\alpha_1)R_1$	农户参与后,当第三方技术服务公司尽责时,政府部门的收益
$(1-\beta_3)R_2$	农户参与后,当第三方技术服务公司不尽责时,政府部门的收益
R_3	第三方技术服务公司收入
$(1-\beta_2)C_1$	农户参与后,政府部门的监管成本
$(1-\beta_1)C_2$	农户参与后,第三方技术服务公司尽责运行管理成本
J	第三方技术服务公司尽责运行管理时的奖励
T	第三方技术服务公司不尽责运行管理时的罚款

3.5.2 模型分析

1. 政府部门与第三方技术服务公司博弈分析

政府部门是项目的委托者。第三方技术服务公司是项目运行管理人、政府项目运行的代理人。农村生活污水处理项目运行过程中政府部门和第三方技术服务公司的博弈树见图 3.6。

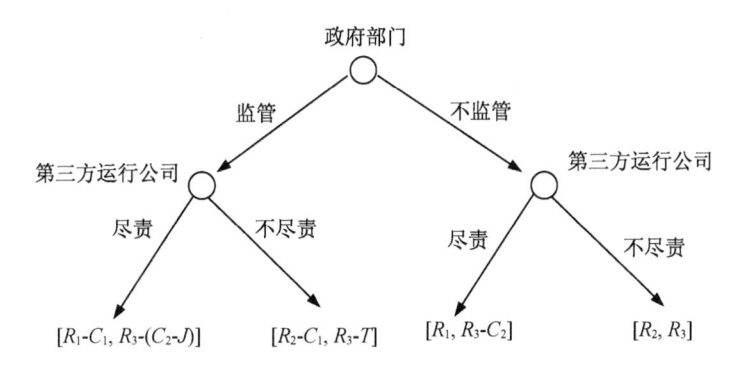

图 3.6 项目运行过程中政府部门和第三方技术服务公司的博弈树

政府部门的收益：$G_{ij}(i,j=0,1)$。

第三方技术服务公司的收益：$F_{ij}(i,j=0,1)$。

由于信息的不对称性，政府部门监督第三方公司管理项目运行存在较高成本，无法做到全面监督，$i=1$ 代表政府部门有能力监督第三方技术服务公司，$i=0$ 代表政府部门没有能力监督；$j=1$ 表示第三方技术服务公司尽责管理农村生活污水处理项目运行，$j=0$ 表示第三方技术服务公司不尽责。政府部门与第三方技术服务公司的博弈收支矩阵见表 3.9。

表 3.9 政府部门与第三方技术服务公司的博弈收支矩阵

		第三方技术服务公司	
		尽责管理	不尽责管理
政府部门	监管	R_1-C_1	R_2-C_1
		$R_3-(C_2-J)$	R_3-T
	不监管	R_1	R_2
		R_3-C_2	R_3

2. 农户事实参与项目运行

农户缴纳生活污水处理费参与到项目运行中，在政府部门监管下第三方技术服务公司尽责运行管理农村生活污水处理项目时，政府部门和第三方技术服务公司的收益分别为：

$$G_{11} = (1+\alpha_1)R_1 - (1-\beta_2)C_1 \qquad (式3.3)$$

$$F_{11} = R_3 - [(1-\beta_1)C_2 - J] \quad\quad (式3.4)$$

同理,在政府部门监管下第三方技术服务公司不尽责管理时,政府部门和第三方技术服务公司的收益分别为:

$$G_{10} = (1-\beta_3)R_2 - (1-\beta_2)C_1 \quad\quad (式3.5)$$

$$F_{10} = R_3 - T \quad\quad (式3.6)$$

当农户缴纳生活污水费参与到项目运行中,在政府部门不监管下第三方技术服务公司尽责管理时,政府部门和第三方技术服务公司的收益分别为:

$$G_{01} = (1+\alpha_1)R_1 \quad\quad (式3.7)$$

$$F_{01} = R_3 - (1-\beta_1)C_2 \quad\quad (式3.8)$$

同理,在政府部门不监管下第三方技术服务公司不尽责管理时,政府部门和第三方技术服务公司的收益分别为:

$$G_{00} = (1-\beta_3)R_2 \quad\quad (式3.9)$$

$$F_{00} = R_3 \quad\quad (式3.10)$$

上述博弈收支矩阵见表3.10。

表 3.10　农户、政府部门与第三方技术服务公司的博弈收支矩阵

		第三方技术服务公司	
		尽责管理	不尽责管理
政府部门	监管	$(1+\alpha_1)R_1 - (1-\beta_2)C_1$ $R_3 - [(1-\beta_1)C_2 - J]$	$(1-\beta_3)R_2 - (1-\beta_2)C_1$ $R_3 - T$
政府部门	不监管	$(1+\alpha_1)R_1$ $R_3 - (1-\beta_1)C_2$	$(1-\beta_3)R_2$ R_3

3.5.3　博弈过程的仿真分析

农户缴纳生活污水处理费参与到项目运行中,第三方技术服务公司的最优选择是由$(1-\beta_1)C_2$和T的大小决定的,因此,可以将该优化博弈模型的纳什均衡划分为以下两种情况。

1. 情况一: $(1-\beta_1)C_2-J<T$

第三方技术服务公司尽责管理成本扣减尽责奖励费用小于第三方技术服务公司不尽责管理时的罚款。由此可以推导出：

$$R_3-[(1-\beta_1)C_2-J]>R_3-T，即F_{11}>F_{10}$$

政府部门对第三方技术服务公司实施监管时，第三方技术服务公司选择尽责运行管理农村生活污水处理项目设施，可以获得更大的收益。相应的，政府部门的收益为 $G_{11}=(1+\alpha_1)R_1-(1-\beta_2)C_1$。

因为 $R_3>R_3-(1-\beta_1)C_2$，即 $F_{00}>F_{01}$，所以政府部门选择不对第三方技术服务公司实施监管时，第三方技术服务公司选择不尽责管理农村生活污水处理项目设施，可以获得更大的收益。此时政府部门的收益为 $G_{00}=(1-\beta_3)R_2$。

在第一阶段政府部门做出选择时，政府部门的最优选择同样可以划分为两种情况。

(1) $(1+\alpha_1)R_1-(1-\beta_2)C_1>(1-\beta_3)R_2$，即 $G_{11}>G_{00}$。此时，政府部门的最优选择是对第三方技术服务公司实施监管。因此，在这种情况下，该优化博弈模型的子博弈精炼纳什均衡是政府部门选择对第三方技术服务公司实施监管，第三方技术服务公司选择尽责运行管理农村生活污水处理项目设施。

(2) $(1-\beta_3)R_2>(1+\alpha_1)R_1-(1-\beta_2)C_1$，即 $G_{00}>G_{11}$。此时，政府部门的最优选择是不对第三方技术服务公司实施监管。因此，在这种情况下，该优化博弈模型的子博弈精炼纳什均衡是政府部门选择不对第三方技术服务公司实施监管，第三方技术服务公司选择不尽责运行管理农村生活污水处理项目设施。

2. 情况二: $(1-\beta_1)C_2-J>T$

第三方技术服务公司尽责管理成本扣减奖励费用大于第三方技术服务公司不尽责管理时的罚款，由此可以推导出：

$$R_3-T>R_3-[(1-\beta_1)C_2-J]，即F_{10}>F_{11}$$

政府部门选择对第三方技术服务公司实施监管时，第三方技术服务公司选择不尽责运行管理项目，可以获得更大的收益。此时政府部门的收益为 $G_{10}=(1-\beta_3)R_2-(1-\beta_2)C_1$。

因为 $R_3>R_3-(1-\beta_1)C_2$，即 $F_{00}>F_{01}$，所以，政府部门选择不对第三方技

术服务公司实施监管时,第三方技术服务公司选择不尽责运行管理农村生活污水处理项目设施,可以获得更大的收益。此时政府部门的收益为 $G_{00} = (1-\beta_3)R_2$。

在第一阶段政府部门做出选择时,因为 $(1-\beta_3)R_2 > (1-\beta_3)R_2 - (1-\beta_2)C_1$,即 $G_{00} > G_{10}$。所以,政府的最优选择是不对第三方技术服务公司实施监管。

综上所述,在农户事实参与后,政府部门与第三方技术服务公司的博弈纳什均衡矩阵见表 3.11。

表 3.11 农户参与后,政府部门与第三方技术服务公司优化博弈纳什均衡矩阵

	$(1-\beta_1)C_2-J<T$	$(1-\beta_1)C_2-J>T$
$(1+\alpha_1)R_1-(1-\beta_2)C_1>(1-\beta_3)R_2$	政府部门实施监管,第三方技术服务公司尽责运行管理	政府部门不实施监管,第三方技术服务公司不尽责运行管理
$(1+\alpha_1)R_1-(1-\beta_2)C_1<(1-\beta_3)R_2$	政府部门不实施监管,第三方技术服务公司不尽责运行管理	

为此,只有同时满足以下两个条件:

(1) $(1-\beta_1)C_2-J<T$,即农户缴纳生活污水费参与到项目运行中,第三方技术服务公司尽责运行管理成本扣减尽责奖励费用小于第三方技术服务公司不尽责运行管理时的罚款;

(2) $(1+\alpha_1)R_1-(1-\beta_2)C_1>(1-\beta_3)R_2$,即农户缴纳生活污水费参与到项目运行中,当第三方技术服务公司尽责时政府的净收益(政府部门收益扣减政府部门监管成本)大于当第三方技术服务公司不尽责时政府部门的收益。其博弈结果是政府部门实施监管,第三方技术服务公司尽责运行管理。

3. 数值算例与仿真分析

MATLAB 是常见的高效数学分析仿真分析软件,因此本书运用 MATLAB 软件编程对上述博弈行为进行仿真模拟。首先,确认各参数间的数值逻辑关系。R_1 是指当第三方技术服务公司尽责时,政府部门的收益;R_2 是指当第三方技术服务公司不尽责时,政府部门的收益;R_3 是指第三方技术服务公司收入,即政府部门向第三方技术服务公司支付的运行管理费用;C_1 是指政府部门的监管成本;C_2 是指第三方技术服务公司尽责运行管理的成本;J 是指第三方技术服务公

尽责运行管理时的奖励；T 是指第三方技术服务公司不尽责运行管理时的罚款。显然 $R_1 > R_2$。在政府部门与第三方技术服务公司的委托代理关系中，R_1、R_2 是甲方政府部门的收益，R_3 是乙方第三方技术服务公司的收益，即甲方政府部门的成本；甲方作为理性的"经济人"，其收益大于成本。因此这三个数值的逻辑关系是 $R_1 > R_2 > R_3$。在政府部门与第三方技术服务公司的委托代理关系中，第三方技术服务公司尽责运行管理是双方约定的工作内容，如果其不尽责运行管理就违反委代合同约定，故对应的罚款 T 应大于尽责奖励 J，因此，这两个数值的逻辑关系是 $T > J$。$\beta_1, \beta_2, \beta_3, \alpha_1$ 在仿真过程中不是决定性变量，通过数值模拟，这四个参数的变化对政府部门、第三方技术服务公司收益影响微小，对仿真模拟并未产生实质影响。结合实际调研，依据博弈假设前提条件和各变量数值逻辑关系，分别假定 $R_1 = 10\,000$，$R_2 = 8\,000$，$R_3 = 7\,000$，$T = 3\,000$，$J = 2\,500$，$\beta_1 = 0.2$，$\beta_2 = 0.3$，$\beta_3 = 0.25$，$\alpha_1 = 0.1$，仿真分析农户参与与否对政府部门、第三方技术服务公司的收益的影响。

图 3.7 是在政府部门监管下，第三方公司尽责运行时，农户参与与否条件下的二者收益情况，从对比图可以看出，农户参与会同时提升二者收益，从成本-收益斜率大小看，农户参与能够降低成本对二者收益的作用，即提升了单位成本的收益率。图 3.8 是双方都不尽职时，农户参与和不参与所带来的不同收益，从收益对比来看，在缺乏完善激励惩罚机制时，农户参与与否都不会对第三方技术服务公司的收益造成影响，即第三方技术服务公司在缺乏奖惩机制时没有动力提

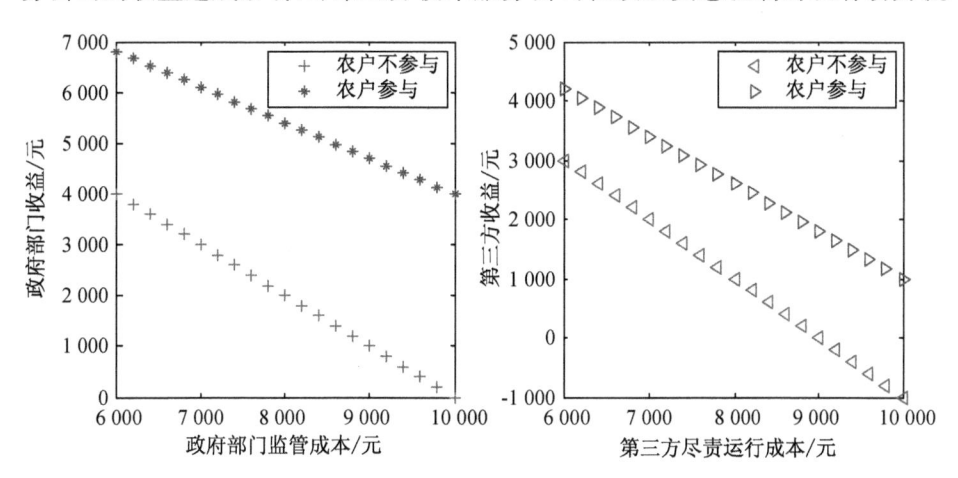

图 3.7 政府部门监管、第三方公司尽责时农户作用的收益比较

高自身服务质量,在缺乏约束下会以追求自身经济利益为主,尽量降低对项目运行的投入。

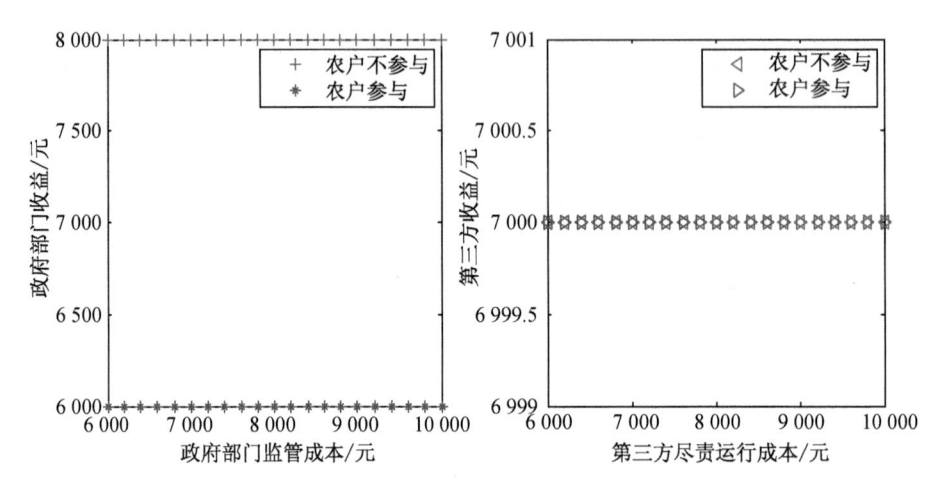

图 3.8 政府部门不监管、第三方公司不尽责时农户作用的收益比较

事实上农户参与农村生活污水处理项目运行,已改变政府部门监管成本、第三方技术服务公司尽责成本,因此考虑政府部门监管成本和第三方技术服务公司尽责变动对二者收益的影响,并结合上述博弈过程,农户参与对二者收益影响如图 3.9 和图 3.10 所示。在农户事实参与后,当政府部门实施监管、第三方技术服务公司尽责运行管理时,图 3.9 显示,政府收益位于三维图上方;图 3.10 显示,第三方技术服务公司的收益位于三维图上方。因此,图 3.9 和 3.10 表明在

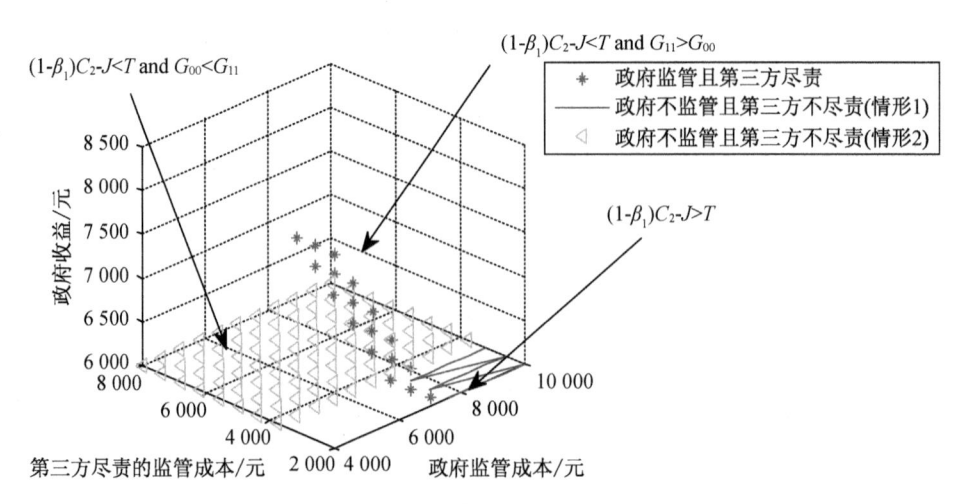

图 3.9 不同博弈均衡矩阵下的政府收益比较

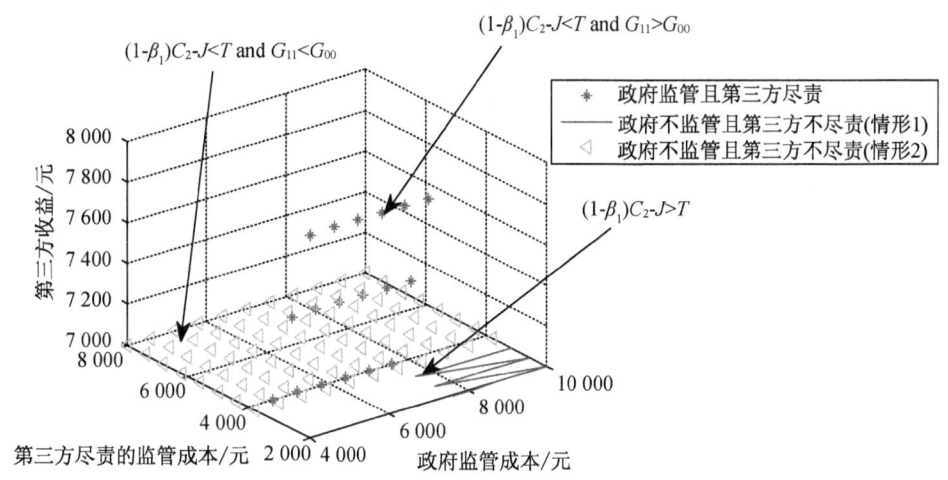

图 3.10　不同博弈均衡矩阵下的第三方公司收益比较

农户参与后,为追求自身利益,政府部门会选择实施监管、第三方技术服务公司会选择尽责运行管理。

因此,建立一个能够调动三方积极性的运行制度十分必要,但因为项目的特殊性,政府部门、第三方技术服务公司和农户需要共同参与,所以必须要建立奖惩机制来协调三方不合意博弈。

图 3.11 和图 3.12 是在奖惩机制下,考虑奖励与惩罚变动对政府部门和第三方技术服务公司收益的影响。

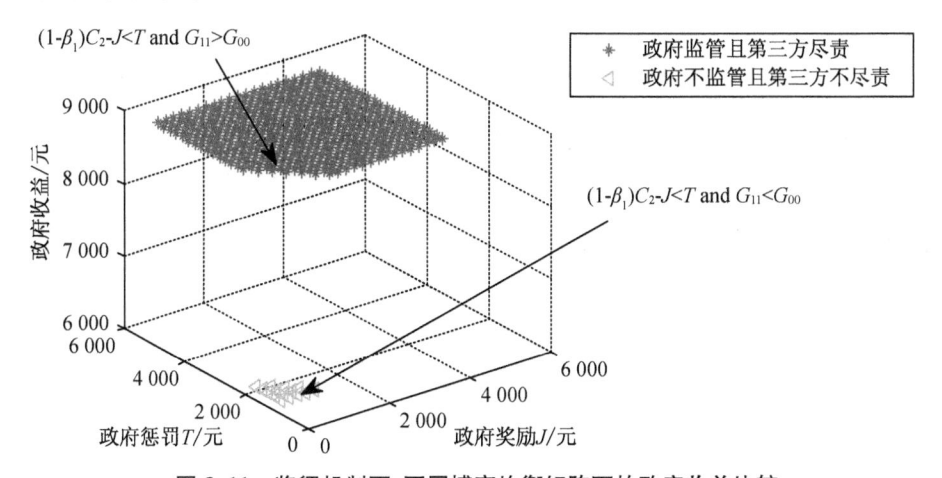

图 3.11　奖惩机制下,不同博弈均衡矩阵下的政府收益比较

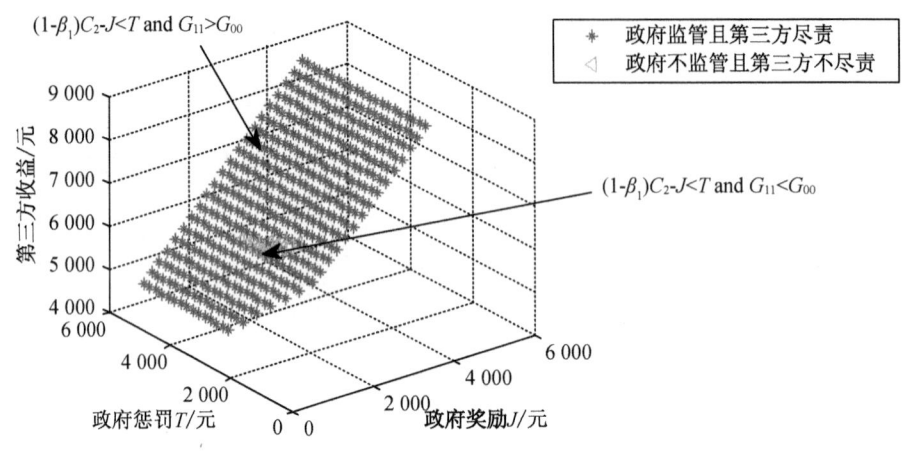

图 3.12 奖惩机制下,不同博弈均衡矩阵下的第三方收益比较

由图 3.11 和图 3.12 可知,政府部门和第三方技术服务公司收益在政府部门监管、第三方公司尽责运行时位于三维图的上方。奖惩机制下政府部门与第三方技术服务公司收益的变化情况表明,该机制的建立一方面能够约束二者行为,另一方面能有效地提高二者的收益。此外该博弈仿真分析表明,农村生活污水处理项目具有特殊性,完全政府主导无法获得收益的最大化;如果由市场主导则农户利益无法得到保障,该项目是一个三方博弈的项目,农户利益受损会使项目投资方目标无法实现,降低政府在农户中的公信力,并引发多方批评。

3.6 本章小结

本章从利益相关主体视角出发,分析了农村生活污水处理项目准公共产品属性、经济属性和社会属性,得出项目具有运行成本高和收益低、多目标交织、多主体冲突的过程特征;界定了农村生活污水处理项目运行过程中的利益相关主体——政府部门、第三方技术服务公司、农户和社会组织,然后进行了主体角色分析、分类,最后对利益相关主体政府部门、第三方技术服务公司和农户之间的行为进行博弈分析,得出了奖励和罚款机制对农村生活污水处理项目运行效果的影响。

/ 第 4 章 /

农村生活污水处理技术评估

在第 3 章利益相关主体视角下农村生活污水处理项目运行机理分析的基础上,本章开展项目运行的模式选择研究。本章包括四部分研究内容:(1) 在利益相关主体视角下,分析农村生活污水处理项目的四种运行模式;(2) 借鉴国外农村生活污水处理项目运行成功经验;(3) 建立农村生活污水处理项目运行模式选择方法;(4) 筛选农村生活污水处理项目运行模式。

4.1 农村生活污水处理项目四种模式分析

对农村生活污水处理项目运行活动中利益相关主体的分析可知,政府部门是农村生活污水处理项目的投资者与项目运行的监管者;农户是农村生活污水的产生者(即污染者)与农村生活污水处理项目运行的受益者、监督者和管理参与者。由于在项目运行实践工作中运行方式、运行主体等不同,项目运行模式也相应有所区分,主要可以分为以下四种运行模式:无为放任运行模式、市场化运行模式、政府主导运行模式、准市场化运行模式,见表 4.1。

表 4.1 四种运行模式特征表

运行模式	运行主体	运行方式	筹资机制	适宜条件
无为放任运行模式	无确定运行主体	农户自觉性	自觉,无具体来源	农户素质高,有一定技术水平
市场化运行模式	第三方技术服务公司	由第三方技术服务公司承包运行	政府部门	运行相对集中的农村地区

续表

运行模式	运行主体	运行方式	筹资机制	适宜条件
政府主导运行模式	政府部门	政府承包,提供资金及技术	政府部门	对处理水质要求高的地区
准市场化运行模式	政府部门、第三方技术服务公司	政府委托第三方公司,政府监督并维护运行,第三方公司运行	政府部门、农户及其他	经济发达,处理运行条件较好,技术水平达到一定程度的地区

4.1.1 农村生活污水处理项目四种模式简介

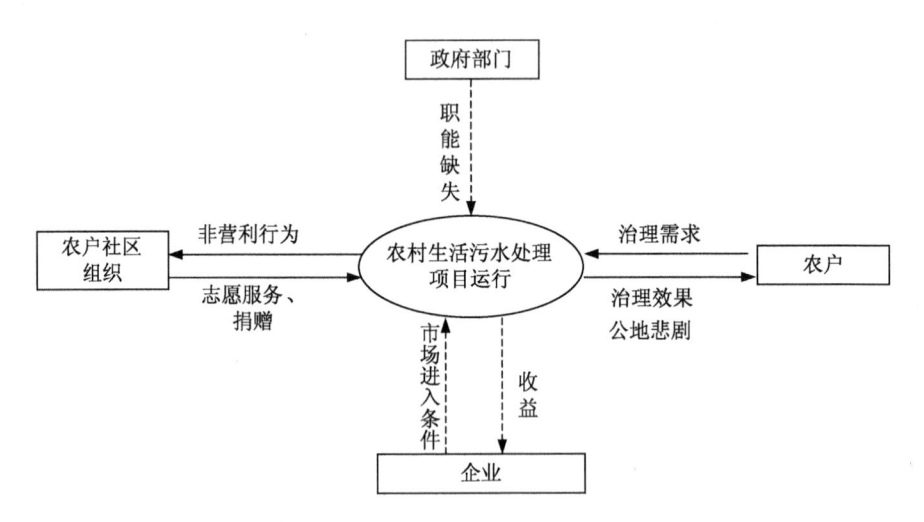

1. 无为放任运行模式

在无为放任运行模式中,政府部门履行农村生活污水处理项目运行监管职能欠缺,农户是项目运行的受益者,但项目运行的管理者并没有确定的主体,部分情况下农户作为农村生活污水处理项目运行的管理者,社会组织作为管理参与者;第三方技术服务公司并不参与管理农村生活污水处理项目运行,其运行模式见图4.1。

图 4.1 无为放任运行模式

由图4.1可知,无为放任运行模式存在两种情况:(1)以受益农户作为农村生活污水处理项目运行的管理主体,主要依托农户的自觉性进行项目运行。这种模式需要满足如下条件:① 农户的环保意识较强,较自觉地运行管理农村生活污水处理项目;② 农户文化程度相对较高,有一定的项目运行技术管理能力;

③项目运行工艺简单,运行技术要求较低。(2)无项目运行的管理主体,即当地农户环保意识不强或没有能力运行管理农村生活污水处理项目,容易出现因无人运行管理维护,污水处理设施失修废弃等"公地悲剧"。

在无为放任运行模式的第一种情况中,因企业无收入来源,缺乏市场进入条件,所以企业不会参与管理农村生活污水处理项目运行。为了保证项目顺利运行,政府部门需要提供技术指导及物质援助,例如,定期开展农户技术管理培训,定时向农户寄送维修零部件等工具用品。社会组织也参与管理项目运行,如村委会组织动员农户积极管理农村生活污水处理项目运行,科研机构等社会组织开展志愿技术服务及社会捐赠等。部分农户接受了项目运行技术培训,自发运行管理农村生活污水处理项目,因此农户既是农村生活污水处理项目运行的管理者,也是受益者。

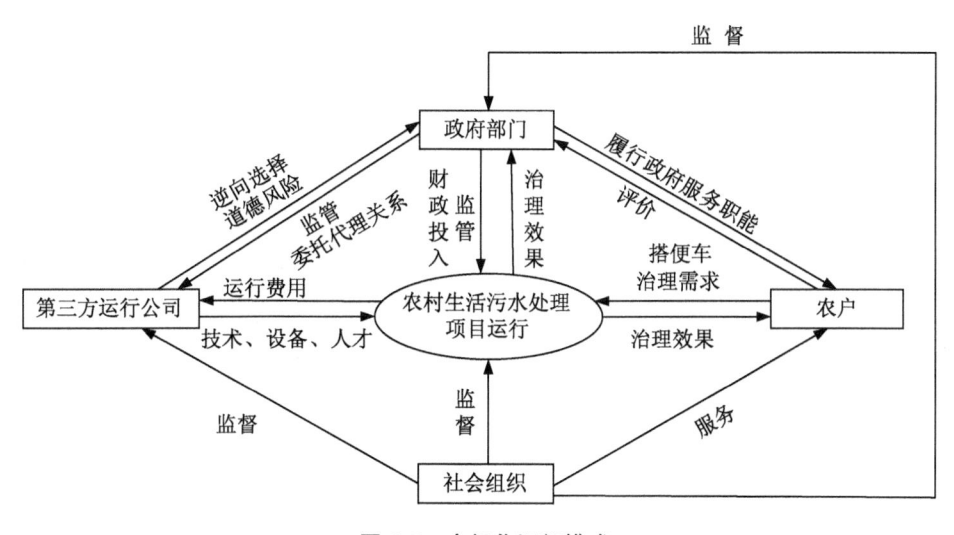

2. 市场化运行模式

在市场化运行模式中,政府部门是项目运行的监督者;第三方技术服务公司是项目运行的管理者;农户是项目运行的受益者和监督者,社会组织是项目运行的监督者,其运行模式见图4.2。

图 4.2 市场化运行模式

由图4.2可知,市场化运行模式是指政府部门与第三方技术服务公司签订委托代理合同,将农村生活污水处理项目运行工作委托给第三方技术服务公司管理。第三方技术服务公司配套专业运行设备,聘请专业技术维修人员,做好项目日常运行管理工作。该运行模式较适合采用复杂处理工艺的农村生活污水处理项目。

在市场化运行模式中，政府部门作为委托方，需向第三方技术服务公司支付农村生活污水处理项目运行管理费用，并对第三方技术服务公司的运行管理工作实施监管，确保其尽责运行管理农村生活污水处理项目，与此同时，政府部门履行了其公共服务职责。由于政府部门承担并支付农村生活污水处理项目运行管理费用，第三方技术服务公司有一定的利润空间，因此其愿意参与管理项目运行，派遣专业技术人员，配备专业设备和数据平台，管理项目具体运行工作，保证项目稳定运行。农户作为项目运行的受益者，其为保证自身健康与生活质量，参与监督第三方技术服务公司的服务质量和效率，并评价政府部门是否履行其职责，但并不参与项目运行管理，也不支付运行管理费用。社会组织反映农户利益需求并监督农村生活污水处理项目运行效果。

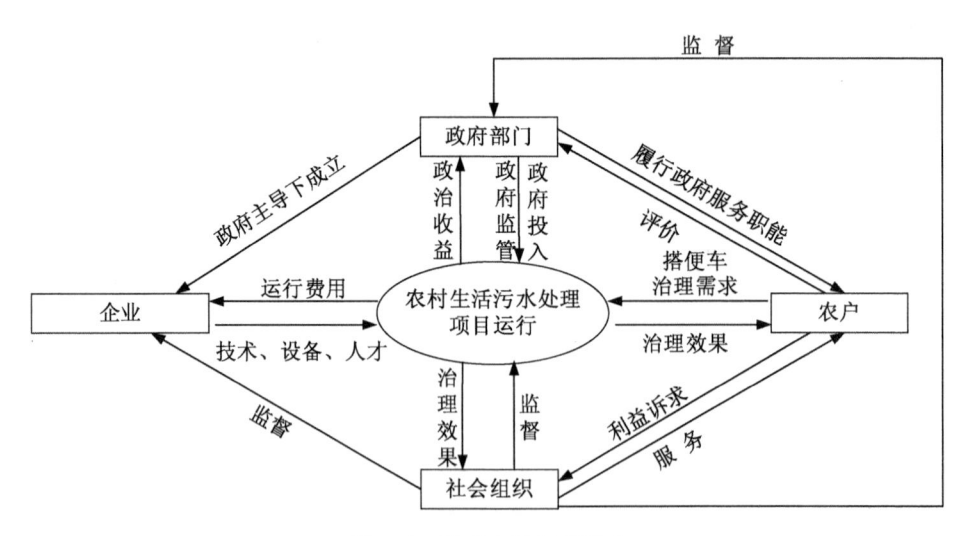

3. 政府主导运行模式

在政府主导运行模式中，政府部门是项目运行的监管者，政府部门主导下成立的项目技术服务公司是项目运行的管理者，农户是项目运行的受益者，社会组织是项目运行的监督者，其运行模式见图4.3。

图 4.3 政府主导运行模式

由图4.3可知，在政府主导运行模式中，政府部门为履行其项目运行职责，监管项目运行工作，以提高农户满意度。通常情况下，政府部门主导成立项目技术服务公司，作为项目运行的具体管理者。政府部门向项目技术服务公司支付运行管理费用,并实施监管。项目技术服务公司承担购置专业设备,聘请专业技术人员,运行管理项目的责任。农户作为项目运行的受益者,参与监督项目运行效果,但并不支付运行管理费用。社会组织以其专业能力和技术素养服务于农户,并参与监督项目技术服务公司的运行管理状况。

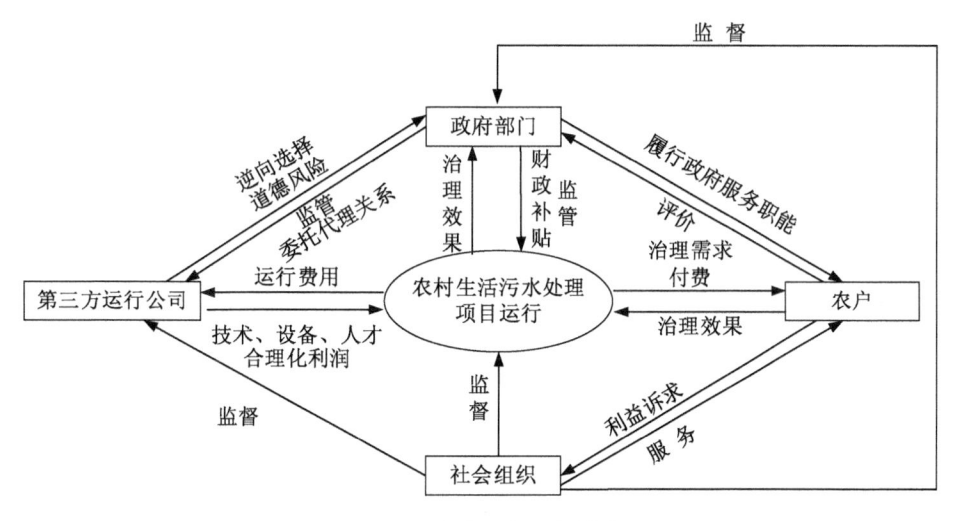

4. 准市场化运行模式

在准市场化运行模式中,政府部门是项目运行的监督者,第三方技术服务公司是项目运行的管理者,农户是项目运行的受益者、管理参与者和监督者,社会组织是项目运行的管理参与者和监督者,其运行模式见图4.4。

图 4.4 准市场化运行模式

由图4.4可知,在准市场化运行模式中,政府部门与第三方技术服务公司签订委托代理合同,将农村生活污水处理项目运行管理工作委托给第三方技术服务公司。第三方技术服务公司配备专业技术人员与设备运行管理农村生活污水处理项目,以获取合理化利润。农户参与管理并监督项目运行。社会组织服务于农户,并监督项目运行。

在准市场化运行模式中,政府部门作为委托方以财政补贴等形式向第三方技术服务公司支付农村生活污水处理项目运行管理费,并对第三方技术服务公司的运行管理工作实施监管,确保后者尽责运行管理农村生活污水处理项目,同时向农户履行其公共服务职责。农户作为农村生活污水的产生者(即污染者),按照污染者支付一定费用原则,农户将支付部分生活污水处理费分担财政压力。

在农户支付污水处理费之后,其行为方式将发生如下转变:(1) 改善自身用水行为,从源头上做到生活污水减量;(2) 积极参与管理并监督项目运行,确保良好的生活污水治理效果和生活质量。第三方技术服务公司配套专业设备和技术人员运行管理农村生活污水处理项目,但由于政府部门对运行管理实施监管、农户和社会组织对运行管理实施监督,因此第三方技术服务公司需在保证运行管理合格的前提下,获取合理利润。社会组织以其专业素养服务于农户,以自愿技术服务等方式参与管理并监督农村生活污水处理项目运行效果。

4.1.2 农村生活污水处理项目四种模式优缺点分析

1. 无为放任运行模式优缺点分析

无为放任运行模式具有政府部门监管成本与运行管理成本低廉的优点。但无为放任运行模式也存在如下缺点:形式上项目无专业机构运行管理,无专业技术人员维护,且责任主体不清晰;技术、资金等运行管理要素缺乏;难以保障项目长效稳定运行,甚至会因运行水平低、经费保障不力、监管不到位等原因,项目处理设施逐步损坏,直至该项目被遗弃。目前无为放任运行模式在经济发展欠发达地区应用较为广泛,但无人放任运行模式因为农户自身运行管理能力、技术、资金等因素限制,农村生活污水处理项目运行未能得到有效管理,并不能长期适用于广大农村地区。

2. 市场化运行模式优缺点分析

市场化运行模式具有如下优点:项目运行管理市场化运作,由专业的第三方机构配备专业人员和设备实施运行管理,利用数字化远程监控和信息化管理平台开展日常运行维护工作,人员、技术、资金和日常管理都得到保障,能提高运行管理效率;政府监管考核评价责任主体清晰单一,可有效落实日常环境监管要求,有助于确保项目稳定有序运行。该运行模式基本上符合政府购买社会公共服务的导向,较适合在生活污水处理项目分布相对集中的农村地区采用。

市场化运行模式也存在以下缺点:第三方技术服务公司作为理性的"经济人"追求利润最大化,因此在政府部门与第三方技术服务公司的委托代理关系中,存在逆向选择与道德风险,即第三方技术服务公司选择降低运行管理成本,不尽责运行管理农村生活污水处理项目;农户参与管理农村生活污水处理项目程度不高，未从源头上做到生活污水减量。目前市场化运行模式在经济发达、人口密集地区较为常见，多应用于农村生活污水处理项目分布相对集中的地区。

3. 政府主导运行模式优缺点分析

政府主导运行模式具有以下优点：政府通过主导建立项目技术服务公司管理农村生活污水处理项目运行，可直接介入农村生活污水处理项目运行活动；项目技术服务公司购置专业设备，配备技术人员，有效保障了项目稳定有序运行。同时通过明确农村生活污水处理项目运行管理人员的责任，可提高污水处理运行管理效率，确保出水水质稳定达标，改善农村水环境。

政府主导运行模式存在以下缺点：政府部门财政负担较重，为运行管理农村生活污水处理项目，政府部门单独主导成立了相应的项目技术服务公司，因此项目运行管理成本较高，并且受政府资金投入和组织保障的重视程度制约明显。在技术水平低下和管理经验欠缺的地区，项目技术服务公司无法满足农村生活污水运行需求。在该运行模式下，政府部门同时是农村生活污水处理项目运行的监管者，出现了"既是运动员，又是裁判员"的情况，不利于项目运行的管理和考核监管。由于政府部门承担了农村生活污水处理项目运行管理的工作和费用，农户易产生依赖思想和行为，出现"搭便车"行为，参与程度低。

政府主导运行模式因政府部门直接介入，有效保障了项目良好稳定运行，比较适合对出水水质要求较高的农村地区。

4. 准市场化运行模式优缺点分析

准市场化运行模式具有如下优点：（1）多渠道筹集生活污水处理费。改变以往单一政府财政支付方式，农户承担部分生活污水处理费，分担财政压力，拓宽了污水处理费来源渠道。（2）农户参与管理农村生活污水处理项目运行程度提升，在农户缴纳污水处理费之后，其通过改善自身用水行为等方式参与管理农村生活污水处理项目运行。（3）多方共同监管、监督农村生活污水处理项目运行效率和质量，可以有效保障农村生活污水处理项目运行效果。

准市场化运行模式存在以下缺陷：要求政府部门具备较高的管理能力和水平。因为在该种运行模式下，第三方技术服务公司、农户、社会组织行为复杂，需要政府在运行管理过程中把握方向和力度，坚持以市场为主，发挥政府引导作用。同时，要切实考虑农户收入水平，建立合理的项目运行费用农户支付制度。

4.2 农村生活污水处理项目国外经验借鉴

4.2.1 国外农村生活污水处理项目经验总结

1. 美国农村生活污水处理项目运行机制经验借鉴

(1) 分层立法的美国法律法规体系

美国建立了三级法规体系[118],具体见图 4.5。

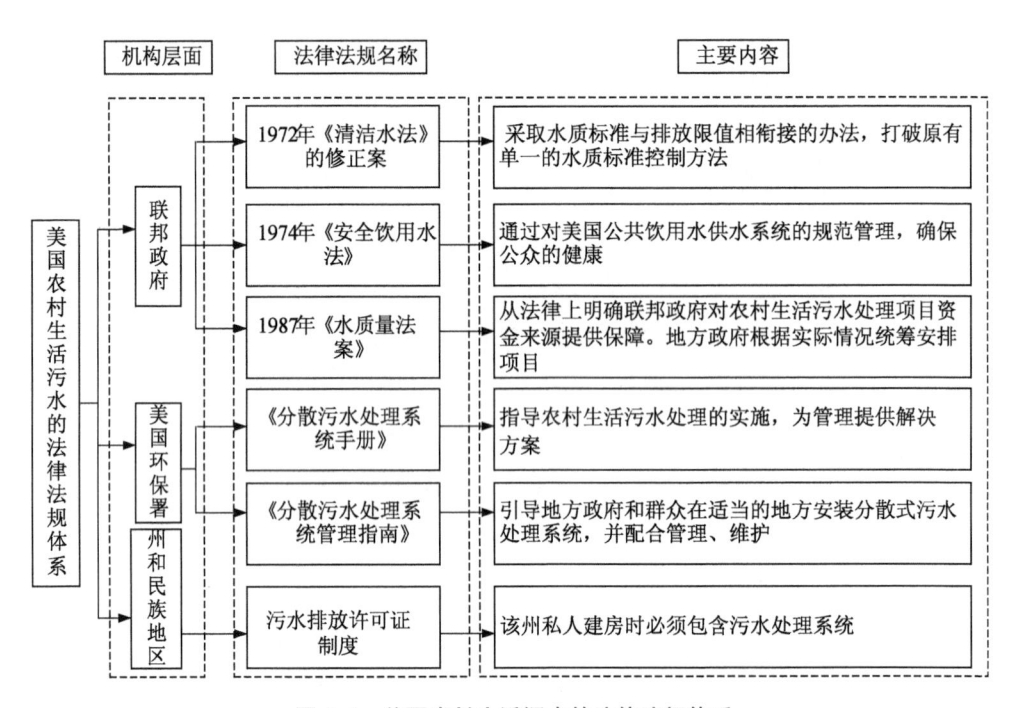

图 4.5 美国农村生活污水的法律法规体系

机构层面	法律法规名称	主要内容
联邦政府	1972年《清洁水法》的修正案	采取水质标准与排放限值相衔接的办法,打破原有单一的水质标准控制方法
联邦政府	1974年《安全饮用水法》	通过对美国公共饮用水供水系统的规范管理,确保公众的健康
联邦政府	1987年《水质量法案》	从法律上明确联邦政府对农村生活污水处理项目资金来源提供保障。地方政府根据实际情况统筹安排项目
美国环保署	《分散污水处理系统手册》	指导农村生活污水处理的实施,为管理提供解决方案
美国环保署	《分散污水处理系统管理指南》	引导地方政府和群众在适当的地方安装分散式污水处理系统,并配合管理、维护
州和民族地区	污水排放许可证制度	该州私人建房时必须包含污水处理系统

由图 4.5 可知,美国在农村生活污水治理方面已经形成了完善的法律法规体系[119]。在联邦政府层面,通过了《清洁水法》等国家法律,为美国农村生活污水治理提了供法律依据。美国环保署制定了《分散污水处理手册和管理指南》,从技术层面上为农村生活污水处理提供支撑。各个州也制定了配套政策和制度保障国家层面的法律和指南的执行。这样联邦与各个州和民族地区相互分工明确,相互促进。

(2) 建设及运营维护的资金来源和管理模式

1980 年以后,美国政府从 6 个方面拓宽了农村生活污水处理项目资金来源,见图 4.6。

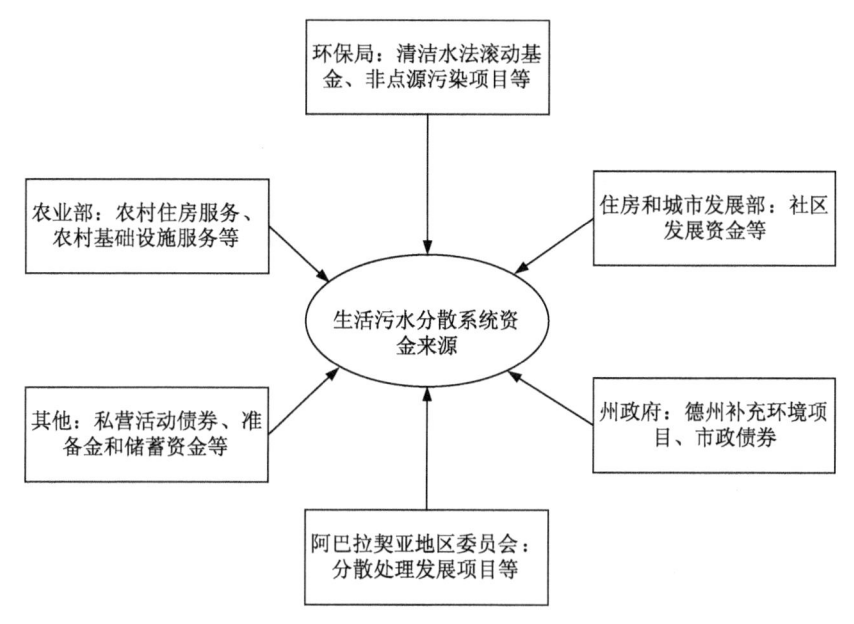

图 4.6 美国生活污水分散系统资金来源

美国生活污水分散系统的资金来源主要分为六大类:① 环保局提供的清洁水法滚动基金、非点源污染项目等;② 住房和城市发展部提供的社区发展资金等;③ 州政府,如德州提供的补充环境项目、市政债券;④ 阿巴拉契亚地区委员会的分散处理发展项目等;⑤ 农业部的农村住房服务、农村基础设施服务等;⑥ 私营活动债券、准备金和储蓄资金等。

美国政府还高度重视分散式污水处理系统的运行管理问题,建立了以四个风险为基础的五种运行模式[120],见图 4.7。

由图 4.7 可知,五种运行管理模式适合于不同的区域,在运行成本、管理难度等方面各有优缺点,且相互补充,为美国乡村污水的治理提供了重要的保障。

(3) 美国农村污水治理的组织与管理

美国农村污水处理的组织机构及分工情况见图 4.8。

由图 4.8 可知,美国农村污水治理具有一套完整的组织结构,组织间职责明确[121]。组织结构包括联邦、州和民族保留区的行政部门,当地政府的办事机构,特别目的区等公共责任主体以及民间责任主体等。

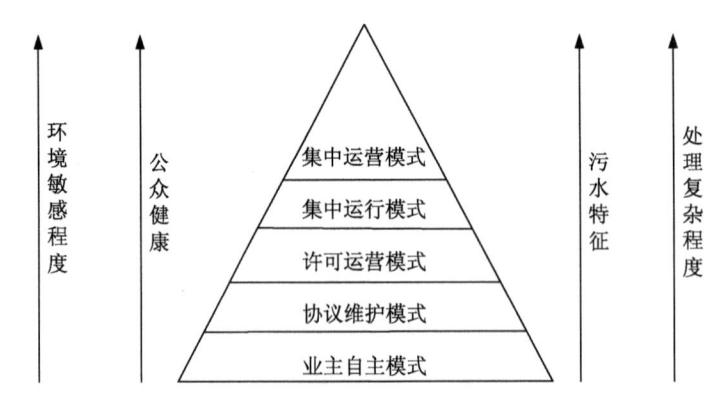

图 4.7　美国分散式污水处理系统管理模式选择与风险因素关系

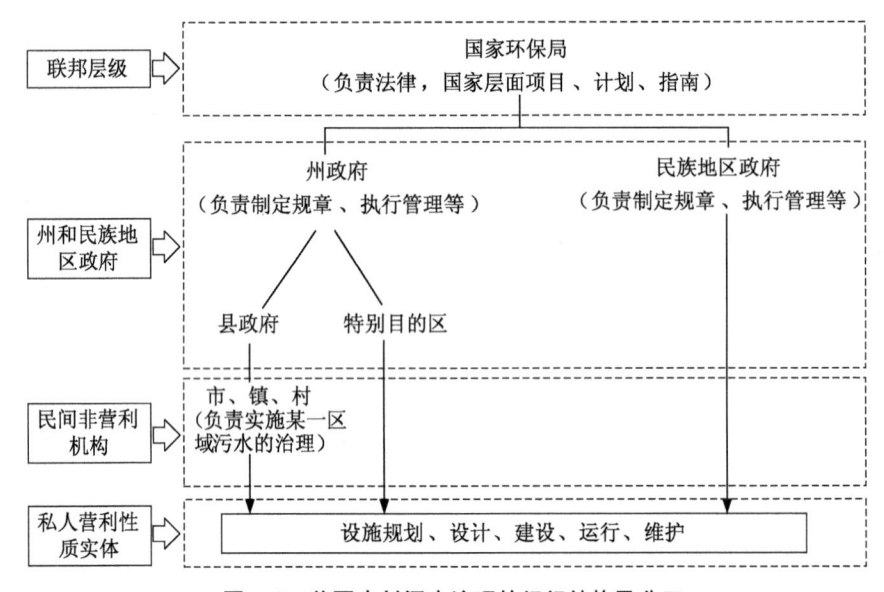

（金字塔从上至下：集中运营模式、集中运行模式、许可运营模式、协议维护模式、业主自主模式；左侧箭头：环境敏感程度、公众健康；右侧箭头：污水特征、处理复杂程度）

图 4.8　美国农村污水治理的组织结构及分工

（联邦层级：国家环保局（负责法律、国家层面项目、计划、指南）；州和民族地区政府：州政府（负责制定规章、执行管理等）、民族地区政府（负责制定规章、执行管理等）、县政府、特别目的区；民间非营利机构：市、镇、村（负责实施某一区域污水的治理）；私人营利性质实体：设施规划、设计、建设、运行、维护）

2. 日本农村生活污水处理项目运行机制经验借鉴

（1）日本的污水治理法规体系

日本已经在全国范围内建立了相对完善的污水处理体系。日本的排水处理设施主要有 3 种，分别是下水道、净化槽和农村集体排水设施。下水道的普及率从 1996 年的 55% 增长至 2002 年的 65% 及 2008 年的 73%，并且每一年都保持一定的增长比率。净化槽的普及率从 1996 年的 6.70% 增长至 2008 年的 8.90%，农业集体排水设施的普及率从 1996 年的 1.10% 增长至 2008 年的 2.9%，都保持着良好的增长趋势。这些污水处理设施的普及推广与顺利运营，都得益于日本完善的法律法规、合理的运行管理机制及政策与资金支持等保障措施的有效落实,见表4.2。

表4.2 日本下水道、农业集体排水设施、净化槽相关规定

特征	法律法规	建设资金来源	管理机构	设施	种类	处理对象人数(人)
集中处理	1958年颁布《下水道法》	公共下水道:国家存在补贴的领域,国家、地方和农户的比例为50:45:5;国家没有补贴的领域,地方与农户比例为95:5;流域下水道农户不承担建设费用	国家、各省、各市、各县对口的交通建设部门;地方政府运维	下水道	流域、公共	1 000~10 000人
分散处理	1999年下发"农业环境三法"	国家、地方共同承担	国家、各省、各市、各县对口的农业、林业、水产部门;地方政府运维	农业集体排水设施	水产、林业、农业	1 000人以下
分散处理	1983年颁布《净化槽法》,2001、2005年修订	市镇村:国家、社会组织和居民比例为33:57:10;个人:国家、社会组织和个人比例为13:27:60	国家、各省、各市、各县对口的生态环境部门;居民运维	净化槽	单独、联合	20人以下

由表4.2可知,日本污水处理保障措施主要体现在三个方面:一是在法律上,自从1958年颁布并实施《下水道法》以后,下水道收集并处理的污水达到全国范围的七成以上;1999年下发并实施《农业环境三法》以后,农业集体排水设施收集并处理的林业、农业、水产污水达到了3%以上;1983年颁布的《净化槽法》及其后的调整修订,从法律层面上对小型设施给予了保障。二是在资金筹措和政策支持方面进行了明确,有利推动了农村生活污水的治理。运行管理费用基本不由某方单独支付,而是由政府、社会组织、用户等多方共同出资。三是在运行管理机制上,从国家到地方层面指明各种类型设施对口的管理部门,颁布并实施相应管理制度,明确支出各条线、各部门人员工作职责,保障设施正常有序运行。

(2) 日本农村生活污水处理项目的财政资助及治理模式

对于不同的农村生活污水处理模式,其补助方法和管理要求均不一样。国家层面的政府部门负责管理公营的农村生活污水处理项目。对于地方(市、町、村)实施的农村生活污水处理项目,国家给予一定的补助,补助的资金来源主要是排污费。低收入农户可向政府申请补助或是减免。

日本的农村生活污水处理项目方案包括两类:① 针对单户进行的净化槽改造方案,农户和政府承担比例为6∶4,同时国家补助和地方补助的比例为1∶2。② 针对市、町、村的净化槽方案,目的是保护水源、敏感区域和环境治理落后地区,农户和政府承担比例为1∶9,同时国家补助和地方补助比例为1∶2,地方主要以债券为主。这个方案中的项目运行由各级公营的企业负责。《净化槽法》明确各部门职责分工[122]。

(3) 日本农村污水治理的组织与管理

日本由政府、市场和农户一起参与农村生活污水处理管理。日本农村生活污水处理项目普遍采用第三方公司服务,项目运行市场化,政府部门进行管理和抽查。有条件的地区,农村生活污水处理项目从设计到运行管理都交由第三方技术服务公司负责。农户需要支付排污费给第三方技术服务公司。这些都促进了日本农村生活污水处理项目市场化,进而提高了项目运行的质量和服务水平[123]。

3. 韩国农村生活污水处理项目运行机制经验借鉴

(1) 韩国的污水治理法规体系

在20世纪70年代,韩国的城市与农村发展极其不平衡,农村人口占全国人口的八成以上。韩国为迅速推进城市化建设,大力发展农村基础设施,在提高农村环境质量方面,开展了一系列工作[124]。韩国颁布并实施了一系列法律法规,见表4.3。

表4.3 韩国农村排水系统相关法律法规

年份	法律、法规、地方条例	相关内容
1966	《下水道法》	
1973	排水系统使用费	征收排水系统使用费

续 表

年份	法律、法规、地方条例	相关内容
1982	《排水系统整顿基本计划》	
1997	《农村排水系统统筹方针》	将农村排水系统划入公共排水系统体系,将建设排水系统认证权移交至当地
2001	《下水道法》(2001年修订)	将农村排水系统定义为以自然村落为单位,设置防治农村地区水质污染为目的的排水系统,设施处理量为 50~500 m³/d
2007	《下水道法》(2007年修订)	将农村排水系统定义为处理量为 500 m³/d 以下的公共排水系统

经过 30 年的农村建设与发展,韩国极大地推进了城镇化建设,其农村污水处理设施建设也取得了很大进展。韩国的农村污水处理设施主要有三大类,分别对应不同类型的用户。截至 2015 年,韩国通过生化、物化等多种技术与手段处理农村生活污水已超过 25 万 m³/d,改善了韩国农民的生活环境与质量。

(2) 韩国村镇污水处理设施运行管理

韩国初步形成了较为完备的农村生活污水处理项目运行制度。在 20 世纪 70—80 年代,项目基本由地方政府直接负责运维。在进入 20 世纪 90 年代以后,随着韩国经济与技术水平的提高,韩国政府通过向专业机构支付费用等方式逐渐将项目交由专业机构运维,韩国政府负责监管专业机构的运维工作。韩国政府与专业机构项目运维分析见表 4.4。

表 4.4 韩国政府与专业机构项目运维分析

	比率	优 势	劣 势
韩国政府运维	31.7%	直接介入,降低运维费用	缺乏专业技术人员与设备,运维效率低
专业机构运维	68.3%	投入专业技术人员与设备,运维效率高	运维成本高,专业机构存在逆向选择与道德风险

4.2.2 国外农村生活污水处理项目经验汲取

美国等发达国家对农村生活污水的治理都非常重视,在管理和技术等方面取得了丰富的成果,这些都为改进我国农村生活污水的处理及运行模式提供了参考。下文将从运行参与、运行资金、运行管理模式以及组织与管理层面着重分析我国如何汲取美国、日本与韩国在农村生活污水处理项目运行管理方面的经验措施。

1. 健全利益相关主体参与机制

在我国,农村生活污水处理项目的运行涉及政府部门、第三方技术服务公司、农户和社会组织。政府投资为主、收益低、多目标交织和多主体冲突是项目运行的突出特征。政府部门如何调动各方力量,协调各利益相关主体的利益,平衡项目运行的多目标是难点和关键。因此,我们要借鉴美国和日本的成功经验。首先,建立参与机制法律保障,明确参与范围、参与方式、参与保障等。其次,建立多层次参与机制,镇(乡)级、区(县)级、市级、省级等各级政府参与组织,相互分工、相互支撑、信息共享。最后,培养农户参与意识,拓宽参与渠道,建立符合农户实际情况的参与方式,加大水环境保护宣传,提高农村环境保护主体责任意识,引导农户主动参与项目运行。

2. 进一步明确政府部门和第三方技术服务公司的权责关系

政府部门是项目投资和建设的主体,在运行管理方面,也需要发挥引导作用。一方面,政府部门要制定项目运行管理的法律、法规,形成国家、省级和市级、区(县)分层体系,逐级推进,从宏观层面到微观操作,责任明确。另一方面,加大政府部门资金引导作用,明确奖惩标准,分处理规模、分管辖区域建立管理办法。

3. 完善项目运行保障机制

项目稳定运行需要建立一套保障体系,包括法律、经济和组织保障。美国和日本在农村生活污水处理项目运行保障方面也有成功经验。建立法律法规体系,这是规范项目运行管理的基础;多渠道筹措项目运行资金,提高项目运行资金的使用效率;加强公众和社会组织参与和监督,建立项目运行组织保障机制。

4.3　农村生活污水处理技术评估方法

4.3.1　农村生活污水处理技术评估思路

目前,运行模式技术评估方法主要包括专家评价法、层次分析法、生命周期评价法、PROMETHEE 法这四种。

层次分析法(简写 AHP)由美国学者 Saaty[125]在 20 世纪 70 年代提出的,AHP 法将多目标决策和模糊理论相结合,融合定性与定量分析方法,对于解决农村生活污水处理项目运行在多层次目标决策系统优化筛选方面行之有效,也是现行广泛使用的综合评价方法[126-127]。运用 AHP 法需邀请专家根据经验对同一层次每两个因素之间的重要性做出标度判断,以 1~9 的标度对重要性程度进行量化,依次构成两两比较矩阵。在指标权重的计算方法方面,本书选择采用熵权法以较为客观地确定各项指标的权重,避免专家打分法因专家意见分歧、认知差异而出现权重值不具代表性的问题。AHP 方法能将问题条理化、层次化,从而将复杂问题简单化,但是在两两比较中重要性程度量化仅限于数字 1~9,如果某项处理技术在某个准则下的属性值是另一个技术的 9 倍以上,运用 AHP 方法就会遇到瓶颈。

PROMETHEE 方法是由 B. Roy[128]首先提出的,包括两种评价模型 PROMETHEE Ⅰ 和 PROMETHEE Ⅱ。PROMETHEE 法是评价多方案、多属性系统的一种有效方法,它消除了层次分析中属性值之间可以相互替代的缺陷,克服了 ELECTRE 模型固有的问题。同时 PROMETHEE 法允许用户对评价准则选取不同的目标(max 或 min),并且评估对象的属性值突破数字 1~9 的限制,因此该方法在评价可行性技术时比 AHP 法更加灵活。PROMETHEE 法生成的 GAIA 图可以更加清晰地判断准则之间的关系,并且给出各判断准则权重变化的范围。但是该方法并未给出权重确定方法,对问题的结构化分析不如 AHP 法。Tarik Al-Shemmeri[129]利用以上四种方法对水资源保护和利用的决策支持方法进行比较和分析,认为 PROMETHEE 法是上述四种方法中比较好的筛选分析方法。

通过对比不同选择方法的优劣势,本书耦合 AHP 法与 PROMETHEE 法以构建农村生活污水处理项目运行模式管理、技术、经济、环境、生态性能综合技术评估方法,使用 AHP 法对农村生活污水处理项目运行模式筛选问题进行结构化分析,采用熵权法计算指标权重,运用 PROMETHEE 法对候选农村生活污水处理项目运行模式进行优劣排序,并辅以交互辅助几何分析法(GAIA)进行灵敏度分析。农村生活污水处理项目运行模式技术评估框架见图 4.9。

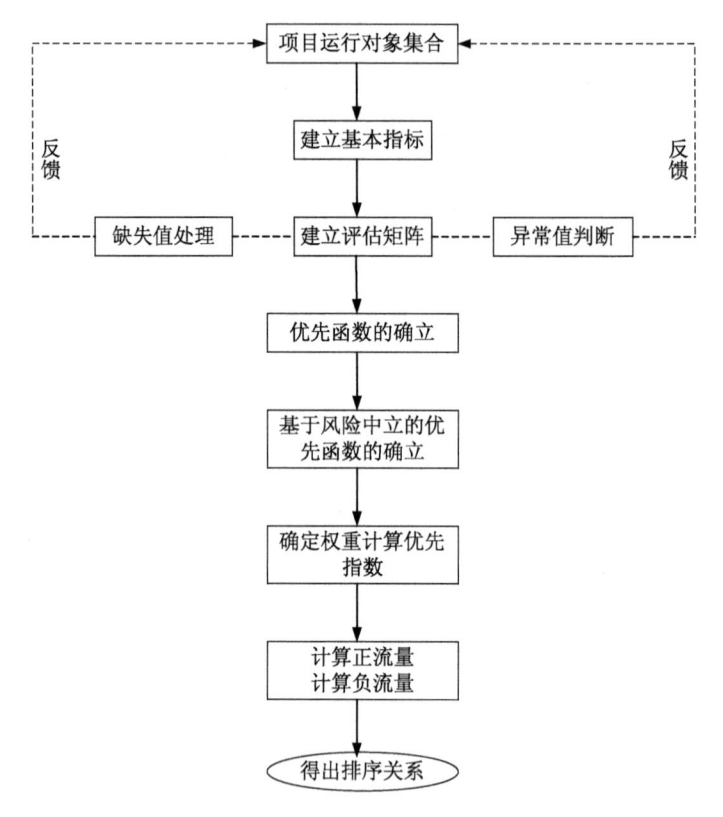

图 4.9　农村生活污水处理技术评估框架

4.3.2　农村生活污水处理技术评估的指标体系

对项目运行模式进行技术评估,首先要确定技术评估指标。技术评估指标体系必须科学、客观、尽可能全面地考虑各种因素和信息。技术评估指标建立恰当与否,将直接影响农村生活污水处理项目运行模式技术评估结果是否符合真实情况。所以正确选择技术评估指标必须遵循下列基本原则:(1) 科学性和现实性。所设指标要反映影响农村生活污水处理项目运行模式效率的主要因素;指标名称既应有科学性,也应被农村生活污水处理项目运行专业技术人员所理解。(2) 可测性与可比性。即所设指标的数值能用一定的直接或间接方法测量或估测到,且各指标可以相互比较,能确知其优劣。(3) 简明性和综合性。即所设指标必须简洁明确,使用方便,易于计算。每一指标都可以从一个或几个方面描述农村生活污水处理项目运行模式,所以指标多为综合性的。

由于农村生活污水处理项目运行技术评估系统中各指标、各因素之间存在着彼此联系又相互制约、纷繁复杂的关系,因此这是个多目标、多因素交织的评估复杂系统。通常运用AHP法对涉及的多目标、多因素进行分解、聚集、分类,进而建立层次分析模型。

1. 基于AHP法建立农村生活污水处理技术评估指标

农村生活污水处理项目运行模式涉及管理、经济、技术、环境与生态五个维度,因此,本书从这五个维度,利用专家打分法界定技术评估指标。本研究通过开展专家座谈会、发放调研问卷等形式邀请项目运行管理、工程经济、环境管理、环境技术等方向的专家对指标进行选择评分。根据专家评分情况,农村生活污水处理项目运行技术评估指标体系界定如下:(1)管理指标包括制度建立情况、专业人员情况、运行经费来源情况、农户满意度情况、运行负荷率;(2)经济指标包括直接运行成本(元/t)、综合运行成本(元/t)、废弃物处置费用(元/t);(3)技术指标包括化学需氧量去除率(%)、氨氮去除率(%)、总氮去除率(%)、总磷去除率(%)、出水达标率(%)、操作难易、技术成熟度、抗水力冲击负荷、抗污染物冲击负荷;(4)环境指标包括污泥处理情况、噪声控制指标、气味控制指标、尾水回用指标;(5)生态指标包括生物多样性指标、美丽乡村建设情况。根据专家打分法,构建农村生活污水处理技术评估指标体系,见表4.5。

表4.5　农村生活污水处理技术评估指标体系

基准层	指标层	分指标层	指标解释	性质
管理指标	管理指数	制度建立情况	为防治农村污染而建立的指导性文件等	定性指标
		专业人员情况	项目运行需要配备的工艺、结构、电气等专业人员	定性指标
		运行经费来源情况	补贴、自筹、缴纳污水处理费等	定性指标
		农户满意度情况	农户对处理水质、周边环境改善等满意情况	定性指标
		运行负荷率	实际处理污水量与设计之间比值	定性指标

续 表

基准层	指标层	分指标层	指标解释	性质
经济指标	经济指数	直接运行成本（元/t）	主要包括动力费、药剂费、人工费	定量指标
		综合运行成本（元/t）	主要包括动力费、药剂费、人工费、折旧费、设备修理费等	定量指标
		废弃物处置费用（元/t）	污泥和植物处理的费用	定量指标
技术指标	技术指数	化学需氧量去除率(%)	（进水化学需氧量浓度－出水化学需氧量浓度）×100%/进水化学需氧量浓度	定量指标
		氨氮去除率(%)	（进水氨氮浓度－出水氨氮浓度）×100%/进水氨氮浓度	定量指标
		总氮去除率(%)	（进水总氮浓度－出水总氮浓度）×100%/进水总氮浓度	定量指标
		总磷去除率(%)	（进水总磷浓度－出水总磷浓度）×100%/进水总磷浓度	定量指标
		出水达标率(%)	（达标天数×100%)/运行天数	定量指标
		操作难易	需要管理人员数量、时间和频次等	定性指标
		技术成熟度	处理技术的开发、示范推广情况	定性指标
		抗水力冲击负荷	进水水量变化对出水水质的影响	定性指标
		抗污染物冲击负荷	进水浓度变化对出水水质的影响	定性指标
环境指标	环境指数	污泥处理情况	污泥产生后是否得到有效处理	定性指标
		噪声控制指标	设备运行产生噪音	定性指标
		气味控制指标	产生的臭气、甲烷等	定性指标
		尾水回用指标	处理后出水的去向或再利用方式	定性指标
生态指标	生态指数	生物多样性指标	人工湿地植物的种类和数量等	定性指标
		美丽乡村建设情况	促进农村其他设施建设	定性指标

2. 农村生活污水处理技术评估指标参数赋值

在通过专家打分法界定农村生活污水处理技术评估指标体系后，本研究继续通过开展专家访谈、发放调研问卷等方式邀请项目运行管理、工程经济、环境管理、环境技术等方向的专家对4种运行模式的23个评估指标参数分别赋值，具体专家打分结果见表4.6。

表4.6 农村生活污水处理技术评估指标参数赋值

基准层	指标层	无为放任运行模式	市场化运行模式	政府主导运行模式	准市场化运行模式
管理指标	制度建立情况	0	80%	50%	100%
	专业人员情况	0	80%	50%	100%
	运行经费来源情况	0	50%	30%	90%
	农户满意度情况	10%	50%	70%	90%
	运行负荷率	10%	50%	70%	90%
经济指标	直接运行成本(元/t)	0.2	0.6	1.0	0.8
	综合运行成本(元/t)	0.4	0.8	1.2	1.0
	废弃物处置费用(元/t)	0.1	0.2	0.5	0.3
技术指标	化学需氧量去除率	20%	60%	90%	100%
	氨氮去除率	10%	50%	80%	95%
	总氮去除率	10%	50%	80%	95%
	总磷去除率	10%	50%	80%	95%
	出水达标率	10%	50%	80%	95%
	操作难易	5%	80%	50%	100%
	技术成熟度	5%	60%	70%	100%
	抗水力冲击负荷	10%	60%	70%	100%
	抗污染物冲击负荷	10%	60%	70%	100%
环境指标	污泥处理情况	5%	50%	70%	100%
	噪声控制指标	10%	50%	70%	100%
	气味控制指标	10%	50%	70%	100%
	尾水回用指标	10%	30%	50%	80%
生态指标	生物多样性指标	30%	60%	70%	100%
	美丽乡村建设情况	30%	60%	70%	100%

(1) 熵权法确定农村生活污水处理技术评估指标权重的基本计算

采用1~9的比率度(见表4.7)对农村生活污水处理技术评估指标进行两两指标间的相对比较,构造农村生活污水处理技术评估指标AHP判断矩阵:

$D=(d_{ij})_{m\times n}$。

进行排序计算,求解判断矩阵 D 的特征根:$DW=\lambda_{max}W$。

计算最大特征根 λ_{max},找出它所对应的特征向量 W,即为同一层各指标相对上一层某因素的相对重要性权重。

表 4.7 判断矩阵比率度定义及描述

重要性比较标度	定义	包含内容描述
1	同样重要	两个指标对某一属性有相同贡献
3	稍微重要	经验判断,一指标对某一属性较之另一指标贡献稍大
5	明显重要	经验判断,一指标对某一属性较之另一指标贡献明显得多
7	重要得多	一指标较之另一指标的主导地位已在实践中显示出来
9	极端重要	一指标较之另一指标的主导地位是绝对的
2、4、6、8	两个相邻判断的折中	表示需要在两个判断之间折中时的定量标度
上列各数的倒数	反比较	若指标 i 与指标 j 相比,其判断标度为 a;指标 j 与指标 i 相比,必有判断标度为 $1/a$

(2)λ 和 W 的计算

使用方根法计算求解 λ 和 W。

设农村生活污水处理技术指标 AHP 判断矩阵为

$$D = \begin{array}{c|cccc} C-D & D_1 & D_2 & \cdots & D_m \\ \hline D_1 & d_{11} & d_{12} & \cdots & d_{1m} \\ D_2 & d_{21} & d_{22} & \cdots & d_{2m} \\ \vdots & \vdots & \vdots & \vdots & \vdots \\ D_m & d_{m1} & d_{m2} & \cdots & d_{mm} \end{array}$$

① 计算矩阵 D 中每一行元素的乘积 M_i

$$M_i = \prod_{j=1}^{m} d_{ij} \ (i=1,2,\cdots,m)$$

② 计算 M_i 的 m 次方根 β_i

$$\beta_i = \sqrt[m]{M_i} = \sqrt[m]{\prod_{j=1}^{m} d_{ij}} \quad (i = 1, 2, \cdots, m)$$

③ 对向量 $\beta_j = (\beta_1, \beta_2, \cdots, \beta_m)^T$ 做归一化处理，即令

$$W_j = \beta_i / \sum_{R=1}^{m} \beta_R \quad (i = 1, 2, \cdots, m)$$

从而得一向量 $W = (W_1, W_2, \cdots, W_m)^T$。

④ 计算矩阵 D 的最大特征根 λ_{max}

由于 $DW = \lambda_{max} W$，而 $DW = \left(\sum_{i=1}^{m} d_{1j} w_j, \sum_{i=1}^{m} d_{2j} w_j, \cdots, \sum_{i=1}^{m} d_{mj} w_j \right)^T$

故 $\lambda_{max} W_i = \sum_{j=1}^{m} d_{ij} w_j$

用 $(DW)_i$ 表示向量 DW 的第 i 个分项，即

$$(DW)_i = \sum_{i=1}^{m} d_{ij} w_j$$

采用平均方法计算 λ_{max}，即

$$\lambda_{max} = \sum_{i=1}^{m} \frac{(DW)_i}{mW_i}$$

由上述计算得出农村生活污水处理技术评估各指标的权重值，见表 4.8。

表 4.8　农村生活污水处理技术评估各指标的权重值

序号	指标	指标权重
1	制度建立情况	4.100 917
2	专业人员情况	4.100 917
3	运行经费来源情况	4.838 489
4	农户满意度情况	4.105 351
5	运行负荷率	4.105 351
6	直接运行成本	5.431 893
7	综合运行成本	5.431 893
8	废弃物处置费用	4.105 351

续　表

序号	指标	指标权重
9	COD 去除率	4.114 661
10	氨氮去除率	4.183 459
11	总氮去除率	4.183 459
12	总磷去除率	4.183 459
13	出水达标率	4.183 459
14	操作难易	4.171 464
15	技术成熟度	3.973 562
16	抗水力冲击负荷	4.026 672
17	抗污染物冲击负荷	4.026 672
18	污泥处理情况	4.198 388
19	噪声控制指标	4.293 044
20	气味控制指标	4.293 044
21	尾水回用指标	5.075 377
22	生物多样性指标	4.436 563
23	美丽乡村建设情况	4.436 563

3. 农村生活污水处理技术评估指标偏好函数的选择

偏好函数的选择决定着农村生活污水处理技术评估排序的准确性，偏好函数是描述属性值与目标达到程度的关系，根据各项指标的属性特征，农村生活污水处理技术评估指标偏好函数的选择见表 4.9。

表 4.9　农村生活污水处理技术评估指标偏好函数的选择

指标	偏好函数	指标	偏好函数
制度建立情况	Linear 型	综合运行成本	Level 型
专业人员情况	Linear 型	废弃物处置费用	Level 型
运行经费来源情况	Linear 型	COD 去除率	V-shape 型
农户满意度情况	Linear 型	氨氮去除率	V-shape 型
运行负荷率	Linear 型	总氮去除率	V-shape 型
直接运行成本	Level 型	总磷去除率	V-shape 型

续　表

指标	偏好函数	指标	偏好函数
出水达标率	V-shape 型	噪声控制指标	Level 型
操作难易	V-shape 型	气味控制指标	Level 型
技术成熟度	Level 型	尾水回用指标	Level 型
抗水力冲击负荷	V-shape 型	生物多样性指标	Level 型
抗污染物冲击负荷	V-shape 型	美丽乡村建设情况	Level 型
污泥处理情况	Level 型		

4. 农村生活污水处理技术评估排序 PROMETHEE 法基本计算

PROMETHEE 法分为 PROMETHEE Ⅰ（即偏序法）和 PROMETHEE Ⅱ（即全序法）。对农村生活污水处理模式定义流出和流入：备选模式 x_i 的流出为 $\phi^+(x_i)=\sum_{x\in X}\prod(x_i,x)$，即正流量；流入为 $\phi^-(x_i)=\sum_{x\in X}\prod(x,x_i)$，即负流量。显然，流出 $\phi^+(x_i)$ 越大，x_i 相对于其他农村生活污水处理模式排序越靠前，流入 $\phi^-(x_i)$ 越小，其他农村生活污水处理模式比 x_i 排序靠前的可能性越小。

定义两个全序 (O^+,I_r^+) 和 (O^-,I_r^-)，若 $\phi^+(x_i)>\phi^+(x_k)$，则 $x_iO^+x_k$；若 $\phi^+(x_i)=\phi^+(x_k)$，则 $x_iI_r^+x_k$；若 $\phi^-(x_i)<\phi^-(x_k)$，则 $x_iO^-x_k$；若 $\phi^-(x_i)=\phi^-(x_k)$，则 $x_iI_r^-x_k$。由此计算得出 PROMETHEE Ⅰ 法的偏序 $\{O^{(1)},I_r^{(1)},R\}$ 如下：

(1) 若 $x_iO^+x_k$ 且 $x_iO^-x_k$，或者 $x_iO^+x_k$ 且 $x_iI_r^-x_k$，或者 $x_iO^-x_k$ 且 $x_iI_r^+x_k$，则 $x_iO^{(1)}x_k$，即农村生活污水处理模式 x_i 的排序优于农村生活污水处理模式 x_k；

(2) 若 $x_iI_r^+x_k$ 且 $x_iI_r^-x_k$，则 $x_iI_r^{(1)}x_k$，即农村生活污水处理模式 x_i 排序等于农村生活污水处理模式 x_k；

(3) 若 $x_iO^+x_k$ 且 $x_kO^-x_i$，则 x_iRx_k，即农村生活污水处理模式 x_i 和农村生活污水处理模式 x_k 不具备可比性。

使用 PROMETHEE Ⅰ 法计算得出 X 上的偏序后，继续使用 PROMETHEE Ⅱ 法计算得出在 X 上的完全序 $\{O^{(2)},I_r^{(2)}\}$。定义净流：$\phi(x_i)=\phi^+(x_i)-\phi^-(x_i)$，计算 X 上各农村生活污水处理模式的净流，根据各模式的净流大小可确定技术评估排序优先关系，若 $\phi(x_i)>\phi(x_k)$，则 $x_iO^{(2)}x_k$，即农村生活污水处理模式 x_i

的排序优于农村生活污水处理模式 x_k；若 $\phi(x_i) = \phi(x_k)$，则 $x_i I_r^{(2)} x_k$，即农村生活污水处理模式 x_i 排序等于农村生活污水处理模式 x_k。

需注意，PROMETHEE Ⅰ法计算结果可靠，但因其计算结果是偏序，具有片面性；PROMETHEE Ⅱ法计算结果是全序，已考虑所有因素综合作用，但其计算的可靠性降低。PROMETHEE Ⅰ法和 ROMETHEE Ⅱ法的计算结果可能出现不一致的情况。

4.4 农村生活污水处理技术评估模型演算

上一节中，已经完成如下工作：(1)基于 AHP 法建立农村生活污水处理技术评估指标，并对农村生活污水处理技术评估指标参数进行赋值；(2)基于熵权法确定农村生活污水处理技术评估指标权重，选择农村生活污水处理技术评估指标偏好函数，完成农村生活污水处理技术评估排序 PROMETHEE 法基本计算。本节在此基础上针对农村生活污水处理项目四种模式，运用 PROMETHEE 法分别演算 PROMETHEE Ⅰ模型与 PROMETHEE Ⅱ模型评估排序结果。

4.4.1 PROMETHEE Ⅰ模型演算

PROMETHEE Ⅰ模型对农村生活污水处理四种模式的技术评估排序结果见图 4.10。PROMETHEE Ⅰ模型对农村生活污水处理四种模式的技术评估排序具体演算数值见表 4.10。

表 4.10 PROMETHEE Ⅰ方法具体演算数值

模式简称	ϕ^+	ϕ^-
模式1：无为放任运行模式	0.117 9	0.672 6
模式2：市场化运行模式	0.260 0	0.257 5
模式3：政府主导运行模式	0.276 8	0.251 4
模式4：准市场化运行模式	0.594 8	0.068 0

结合图 4.10 和表 4.10 可知，用 PROMETHEE Ⅰ方法评估农村生活污水处理四种模式的先进性排序如下：准市场化运行模式＞政府主导运行模式＞市场化运行模式＞无为放任运行模式；其中准市场化运行模式先进性排在第一；无

图 4.10　PROMETHEE Ⅰ 方法演算结果

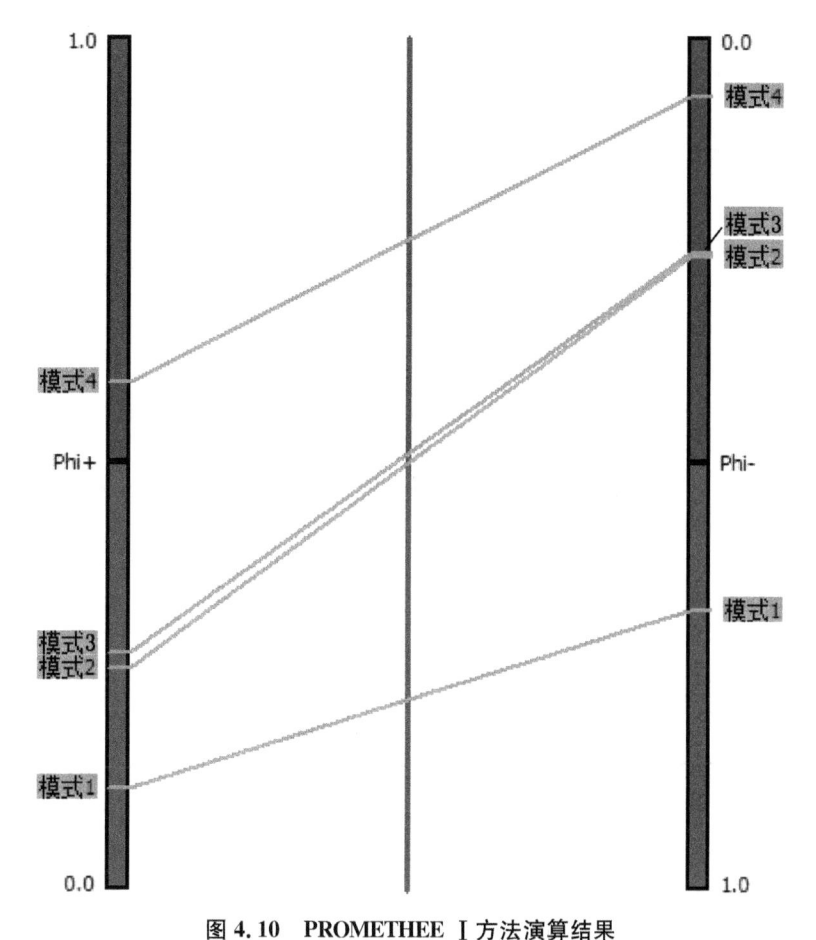

（左边栏为 ϕ^+ 排序，右边栏为 ϕ^- 排序，下同）

ϕ^+ 排序基于某种模式各项指标都先进，则 ϕ^+ 排序就会靠前，反映指标先进性。

ϕ^- 排序基于某种模式各项指标都落后，则 ϕ^- 排序就会靠后，反映指标落后性。

注：图中模式 1 表示无为放任运行模式；模式 2 表示市场化运行模式；模式 3 表示政府主导运行模式；模式 4 表示准市场化运行模式。

为放任运行模式排在最后。

4.4.2　PROMETHEE Ⅱ 模型演算

PROMETHEE Ⅱ 模型对农村生活污水处理四种模式的技术评估排序结果见图 4.11。PROMETHEE Ⅱ 模型对农村生活污水处理四种模式的技术评估排序具体演算数值见表 4.11。

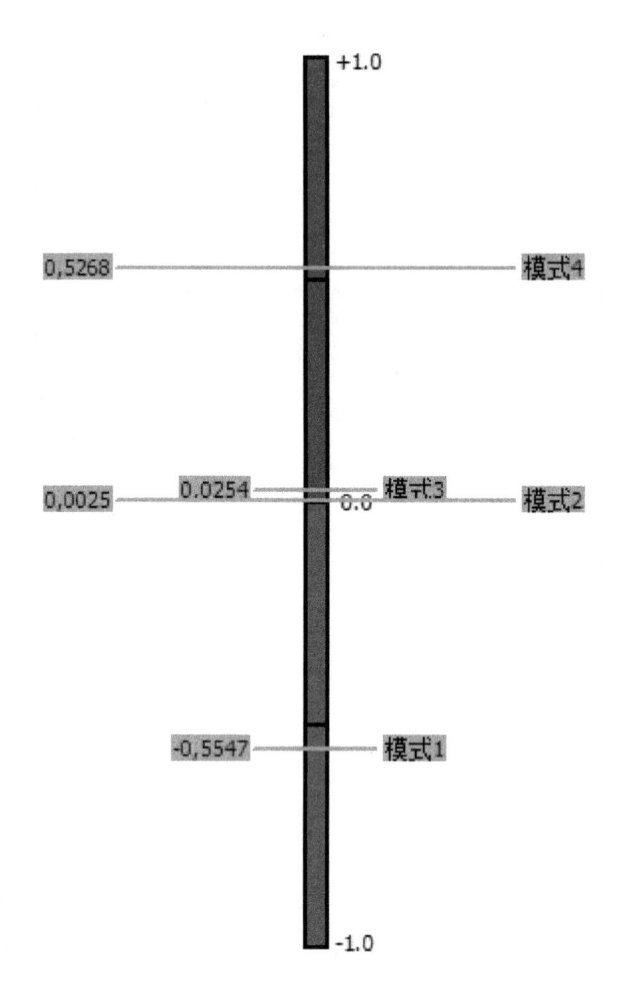

图 4.11　PROMETHEE Ⅱ方法演算结果

注：图中模式 1 表示无为放任运行模式；模式 2 表示市场化运行模式；模式 3 表示政府主导运行模式；模式 4 表示准市场化运行模式。

表 4.11　PROMETHEE Ⅱ方法具体演算数值

模式简称	结果	排序
模式 4：准市场化运行模式	0.526 8	第一
模式 3：政府主导运行模式	0.025 4	第二
模式 2：市场化运行模式	0.002 5	第三
模式 1：无为放任运行模式	−0.554 7	第四

结合图 4.11 和表 4.11 可知,用 PROMETHEE Ⅱ 方法评估农村生活污水处理四种模式先进性的排序如下:准市场化运行模式＞政府主导运行模式＞市场化运行模式＞无为放任运行模式;其中准市场化运行模式先进性排在第一,φ 值最高,为 0.562 3;无为放任运行模式排在最后,φ 值最低,为 −0.554 7。

如前文所述,PROMETHEE Ⅰ 方法是不完全排序,所得结果虽然可靠但具有片面性;PROMETHEE Ⅱ 方法是完全排序,所得结果虽综合考虑全部因素但在排序的过程中会丢失一些重要的信息,与 PROMETHEE Ⅰ 方法相比不那么可靠。因此,本书在技术评估农村生活污水四种模式时,分别采用 PROMETHEE Ⅰ 方法与 PROMETHEE Ⅱ 方法演算,并综合考虑演算结果,从而得到比较准确的技术评估排序结论。采用 PROMETHEE Ⅰ 方法技术评估农村生活污水处理四种模式先进性的排序如下:准市场化运行模式＞政府主导运行模式＞市场化运行模式＞无为放任运行模式;采用 PROMETHEE Ⅱ 方法技术评估农村生活污水处理四种模式先进性的排序如下:准市场化运行模式＞政府主导运行模式＞市场化运行模式＞无为放任运行模式。因此,运用 PROMETHEE 法技术评估农村生活污水处理四种模式先进性排序如下:准市场化运行模式＞政府主导运行模式＞市场化运行模式＞无为放任运行模式。

运用 PROMETHEE 法技术评估农村生活污水处理四种模式生成的 GAIA 图见图 4.12。

GAIA 图是用来分析指标权重增加或者减少对于某种运行模式排序的影响。由图 4.12 可知,增加尾水回用指标、运行负荷率情况、出水达标率等权重,有利于政府主导运行模式排序升高;增加综合运行成本、废弃物处置费用等指标权重,有利于市场化运行模式排序的升高;增加运行经费来源情况、操作难易、专业人员情况、美丽乡村建设情况、抗污染冲击负荷、气味指标控制指标权重,有利于准市场化运行模式排序的升高。

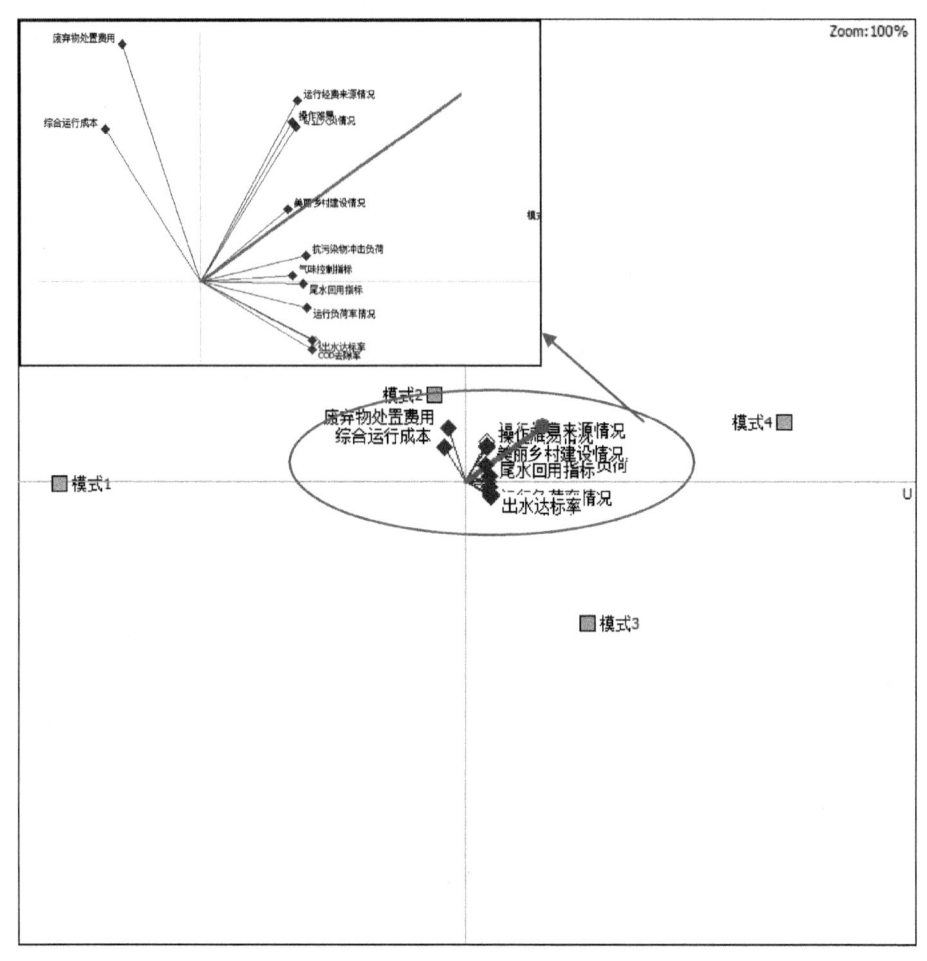

图 4.12　GAIA 图

注：图中模式 1 表示无为放任运行模式；模式 2 表示市场化运行模式；模式 3 表示政府主导运行模式；模式 4 表示准市场化运行模式。

4.5　本章小结

本章对农村生活污水处理项目四种模式及其优缺点进行分析，借鉴美国、日本和韩国农村生活污水处理项目的成功经验，构建了农村生活污水处理技术评估思路和指标体系；建立了农村生活污水处理 AHP＋PROMETHEE 模型评估方法，并做模型演算。

/ 第 5 章 /

农村生活污水处理管理机制研究

在第 4 章对农村生活污水处理进行技术评估的基础上,结合第 3 章农村生活污水处理项目属性与特征分析,本章进行了农村生活污水处理机制的设计,具体设计了参与机制、运行管理机制、保障机制和监测运行平台,提出可操作性的农村生活污水处理机制,层层推进、相互支撑、系统解决。

5.1 农村生活污水处理机制设计框架

5.1.1 农村生活污水处理机制设计目标

农村生活污水处理项目运行准市场化机制是指以项目稳定运行为核心,发挥政府引导作用和市场主体作用,通过政府部门、第三方技术服务公司、农户和社会组织利益相关主体参与并实现有序的运行。构建项目的准市场化运行机制,应以国家和行业制度为前提,以各主体参与为基础,以污水处理费为手段,以污染物削减为核心,实现各主体关系协调平衡,促进环境、社会和经济目标的统一。

项目运行的环境目标:实现对农村水污染的治理,改善农村居住环境,提高农户健康水平。

项目运行的社会目标:可以促进社会和谐发展,实现农村地区繁荣、改善区域环境,有利于美丽乡村建设。

项目运行的经济目标:实现农村污水处理行业发展,市场获得相应利润,提高项目运行的高效率和低成本。

5.1.2 农村生活污水处理机制设计原则

农村生活污水处理项目准市场化运行机制的设计同时遵循以下四个原则。

(1) 公平原则。公平原则就是按照污染者支付一定费用的原则，明确农村生活污水处理项目运行各利益相关主体的责任、义务和权利。因此，公平原则即农村生活污水处理项目运行监管部门依据平等合理无偏向标准对农户进行收费、对第三方技术服务公司按照农村生活污水处理项目运行绩效考核情况进行奖励和惩罚，使其获得相应的运行收益。

(2) 效率原则。效率原则是资源配置优化原则，即以有限投入获得尽可能多的产出。因此，可以通过污水处理成本和单位投入污染物减排量表征农村生活污水处理项目的运行效率。这两个指标越小，则说明农村生活污水处理项目运行效率越高，环境效益和社会效益越好。所以，如果农村生活污水处理项目运行成本越低、单位污染物减排越高，那么，该地区应享受更好的补贴和奖励。提升效率是农村生活污水处理项目运行的基础，没有效率，公平原则下的分配方案也就失去了意义。然而，单纯的效率原则下设计的激励方案会极大提高该地区的减排成本，进而压缩经济落后地区的发展空间，使得该地区面临经济发展与节能减排的压力冲突。特别是在落后地区，若农村生活污水处理项目运行投入成本高昂，最终会增加财政压力，限制经济发展水平。因此，在项目运行活动中，单一的公平原则与单一的效率原则均无法实现各地区经济与环境减排的均衡发展。目前应采用公平与效率原则的动态组合机制，在项目运行前期以"公平原则为主，效率原则为辅"，随着各地区环境要求的提升，项目运行应转为"效率优先，兼顾公平"。

(3) 透明原则。透明原则主要是指在农村生活污水处理项目运行过程中做到信息透明和运行决策透明。污水处理费是农村生活污水处理项目运行中重要的市场信号和资源配置手段，消费者支出与生活污水处理成本等信息，引导着农村生活污水处理资源的重新配置和社会公平的实现。农村生活污水处理项目服务于农户，其运行具备公益性项目的特点，因此运行决策应做到公开透明，保障广大农户的知情权。

(4) 协调原则。农村生活污水处理项目运行需要结合项目特点，协调政府部门、第三方技术服务公司和农户之间的利益关系。发挥政府引导作用,构建项目协调平台,以保障各利益主体之间的信息共享与交流,同时引导社会组织积极参与监督管理农村生活污水处理项目运行,建立公平、高效、透明的农村生活污水处理项目准市场化运行机制。

5.1.3 农村生活污水处理机制设计内容

准市场化机制很好地协调了政府和市场之间的关系,综合了市场与政府的优点、实现了政府和市场的双向调节[130]。通过凭证制和合同外包等形式引入准市场化机制,常见于水资源交易[131-132]、教育[133]、医疗[134]、就业[135]、社会福利[136]、公共服务[137-138]等领域。美国、日本等发达国家进行了农村生活污水处理项目运行准市场化机制的尝试和实践,取得了一些经验。建立符合我国农村生活污水处理项目运行特点的准市场化运行机制,有助于提高政府公信力和管理效率,促进市场的健康发展、培育农户的积极参与热情。

基于项目特点和运行特征,以利益相关主体为核心设计了准市场化的项目运行框架。设计思路如下:

(1) 针对农村生活污水处理项目运行中多目标交织和多主体冲突的特征,设计准市场化利益相关主体参与机制,解决了准市场化机制如何参与的问题;

(2) 针对农村生活污水处理项目运行中污水处理费收取和第三方技术服务公司激励的问题,设计准市场化项目运行管理机制,解决了准市场化机制如何运行的问题;

(3) 针对农村生活污水处理项目运行中委托代理的道德风险和逆向选择的关键及难点问题,设计准市场化保障机制,解决了准市场化机制如何保障的问题;

(4) 针对农村生活污水处理项目面广、量大、管理复杂、管理机构的有限监管能力无法应对巨大的压力和挑战等问题,借助监测运行平台,提高了准市场化机制的运行效率。

本书基于农村生活污水处理项目行业属性和运行系统的特殊性,层层推进,突出可行性和可操作性,系统构建了准市场化机制。农村生活污水处理项目运行准市场化机制的设计框架见图 5.1 所示。

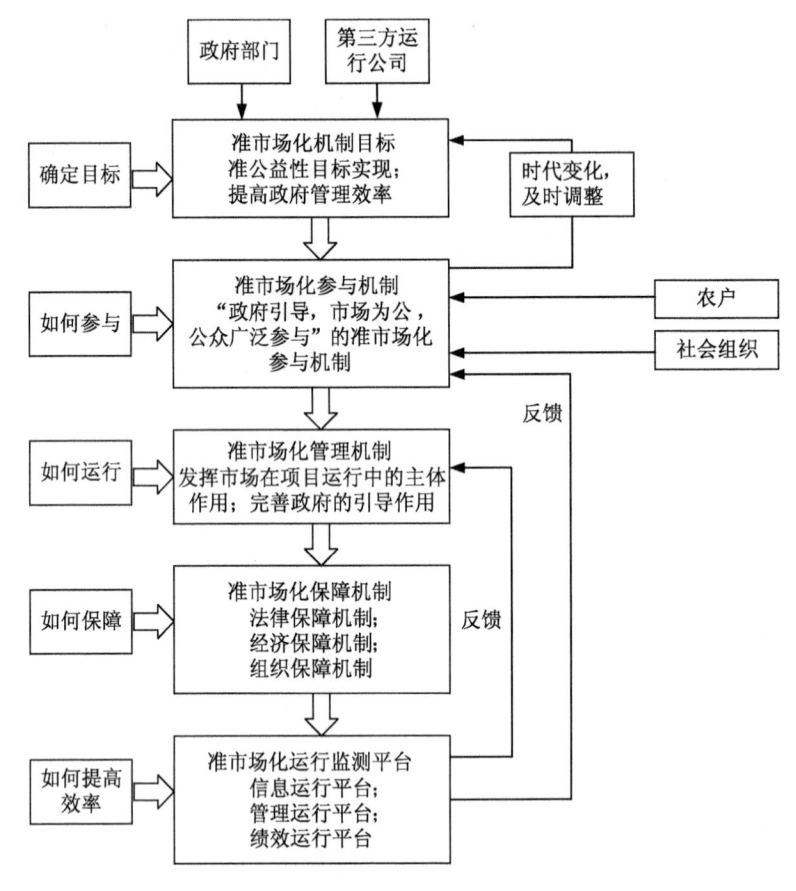

图 5.1　农村生活污水处理机制的设计框架

由图 5.1 可知,第一步,建立准市场化机制目标,实现准公益性衍生需求和提高政府的管理效率。第二步,构建准市场化参与机制,构建"政府引导,市场为主,公众广泛参与"的准市场化参与机制,全农户和社会组织均参与到农村生活污水处理项目运行中去。根据公众参与的结果,结合时代变化,及时调整。第三步,建立准市场化管理机制,发挥市场在农村生活污水处理项目运行中的主体作用,完善政府引导作用。第四步,建立准市场化保障机制,分别建立法律保障机制、经济保障机制和组织保障机制。第五步,建立准市场化运行监测平台,包括信息运行平台、管理运行平台和绩效运行平台。这三个平台的运行情况一方面反馈至准市场化管理机制,提高管理效率;另一方面,反馈至准市场化参与机制,优化公众参与效果。通过建立上述五个步骤,层层推进,强化准市场化机制的可操作性,最终形成农村生活污水处理项目准市场化运行机制的创新体系。

5.2　农村生活污水处理参与机制

由于农村生活污水处理项目具有分布广、数量多、问题复杂等特点,因此建立利益相关主体参与机制尤为重要。项目运行过程中多目标交织、多主体冲突、各利益相关主体角色和行为复杂,参与机制的建立有利于协调利益和解决利益相关主体的冲突,实现农村水环境的改善。欧盟在公众参与环境管理的研究中走在前列,Euler 等[139]研究了欧盟水框架指令(EU WFD,2000),呼吁公众积极参与水体管理,以提高整个欧盟水管理计划的有效性和合法性。

我国较早地关注到了水污染的控制问题,但针对公众参与水污染控制暂时未有相关专项的法规机制。虽然我国现行的法律中明确了公众获取项目运行信息、参与和监督的权利,也建议各级政府部门完善公众参与的程序、提高公众参与的效果,但是在具体操作层面,尤其是针对复杂的农村生活污水处理项目的参与机制相对缺乏。我国对公众参与水污染控制的法律研究起步较晚,相关情况见表 5.1。

表 5.1　我国针对公众参与水污染控制的相关法律法规与政策标准情况

年份	法律、法规、地方条例	相关内容
2016	《中华人民共和国水法》	鼓励个人和单位参与水资源保护和控制水害
2018	《中华人民共和国水污染防治法》	公众参与水污染治理和控制的原则性规定
2018	《江苏省太湖水污染防治条例》	鼓励个人和单位参与水污染防治
2018	《农村人居环境整治三年行动方案》	发挥村民主体作用

由表 5.1 可知,我国针对公众参与水污染控制的相关法律较少,且公众参与的法律条文较为分散。公众参与的原则性建议和内容已有规定,但对于参与的方式、保障以及具体的内容还有待进一步明确。当前公众参与的水环境治理范围广泛,但对具体水环境问题少有研究,对农村生活污水处理项目运行管理的公众参与研究则少之又少。虽然在农村生活污水处理项目运行管理领域,公众参与的形式越来越多,但实际参与的人数非常有限,参与的广度和深度不足,公众参与形式简单,沟通不足,甚至流于形式。

所以，从农村生活污水处理项目运行过程的角度出发，定位相关参与公众及其影响程度，形成项目运行中公众全过程参与，因结合参与方式和工具，更加准确地深入挖掘参与效果，可更好地协调并解决项目运行中的外部性和冲突问题。

5.2.1 农村生活污水处理参与设计思路

1. 准市场化利益相关主体参与模式

利益相关主体参与模式，从理论和实践上，大致可以分为民主模式、市场化主导模式和准市场化模式三种，见表5.2。

表 5.2 不同利益相关主体参与模式比较

利益相关主体参与模式	优 势	不 足
民主模式	程序民主	核心部门管制能力弱； 决策过程效率低下； 非实质民主
市场化主导	市场配置资源，效率较高	公共产品难以实现供求平衡； 难以反映公众意志； 易出现欺诈或不诚信
准市场化	提高政策结构的合理合法性； 公众参与度更高，反映公众意志； 决策过程效率高	政府定位模糊、政府和市场间存在有效协调问题

所谓利益相关主体参与的民主模式，一般是指在充分采纳利益相关主体意见的前提下，恰当合理地分配决策权力，综合分析各方意见，并选择行动方案的过程。但是，在这种模式下易出现网络化、多中心成分的问题，核心部门对于农村生活污水处理项目的运行发展具有相对较弱的管制能力。这使得在决策过程中容易出现相互扯皮、效率低下的问题，导致"治理瘫痪"，同时这种模式易使注意力集中在程序民主，而非实质民主，最终导致难以对农村生活污水处理项目的运行发展做出前瞻性决定。

农村生活污水处理项目有利于提高农户生活水平，满足日益增长的农村环境改善的需求。项目的稳定长效运行离不开服务资源的有效配置。因此构建农村生活污水处理公益服务体系同样可以充分发挥市场的机制作用，在农村生活污水处理项目运行方面也可发挥社会组织的作用。这样能够以市场思维观察、分析各种农村生活污水处理项目运行的问题,发挥市场的优点,提高项目运行的服务质量和水平。

但是,市场机制存在着功能缺陷和不足,并不能供给充裕的公共产品。由于农村生活污水处理项目运行服务收益低,仅通过市场供需难以实现有效调节。另外,由于资本的逐利性以及资本流向与公众意愿不完全匹配,资本的流向并不能完全反映公众特别是弱势群体的意志。何杨平等[140]通过对仅存在道德风险下和逆向选择与道德风险共存下的激励模型的分析,得出企业为获得额外利益易逆向选择,使项目运行管理中易出现产品或服务质量差、不达标等不诚信问题。

准市场化参与模式是以政府自上而下为引导,兼有政府引导和市场主体两方面的优点,涉及政府、企业、公众之间的合作与协调。相对于市场主导模式,政府+市场化模式可以称为准市场化模式。这种模式的特点是公众参与决策过程,农户与其他组织的参与可以是直接的,如通过选举程序,也可以是间接的,如通过社会组织参与决策。这种公众参与通常被视为一种美德(规范性好处),同时Heijden[141]认为公众参与也具有工具性和实质性方面。农户和社会组织的参与提高了农村生活污水处理项目运行管理政策结构的合理合法性,使得项目决策更加有效。邹伟进等[142]构建了委托代理模型,政府、公众和其他利益相关主体通过一定的激励和监督手段,可以规范第三方企业的环境行为,企业通过努力来获得经济效益和规避环境风险。相对于民主模式和市场主导模式,准市场化参与模式在农村生活污水处理项目运行管理中具有更多的参与性和有效性。

2. 准市场化利益相关主体参与流程

Hurst[143]认为取得良好的经济和环境效益取决于包括政府、公众等在内的利益相关主体之间的通力合作。本书从管理角度设计利益相关主体参与路径,解决农村生活污水处理项目运行中外部性和冲突问题,实现信息顺畅沟通,协调各利益相关主体的关系,实现农村生活污水处理项目运行效率的提高,以及充分发挥利益相关主体的参与作用。Blackstock等[144]对河流治理案例进行了利益相关主体研究,并建立了从利益相关主体识别到评估的全面的公众参与框架。准市场化利益相关主体参与农村生活污水处理项目运行思路见图5.2。

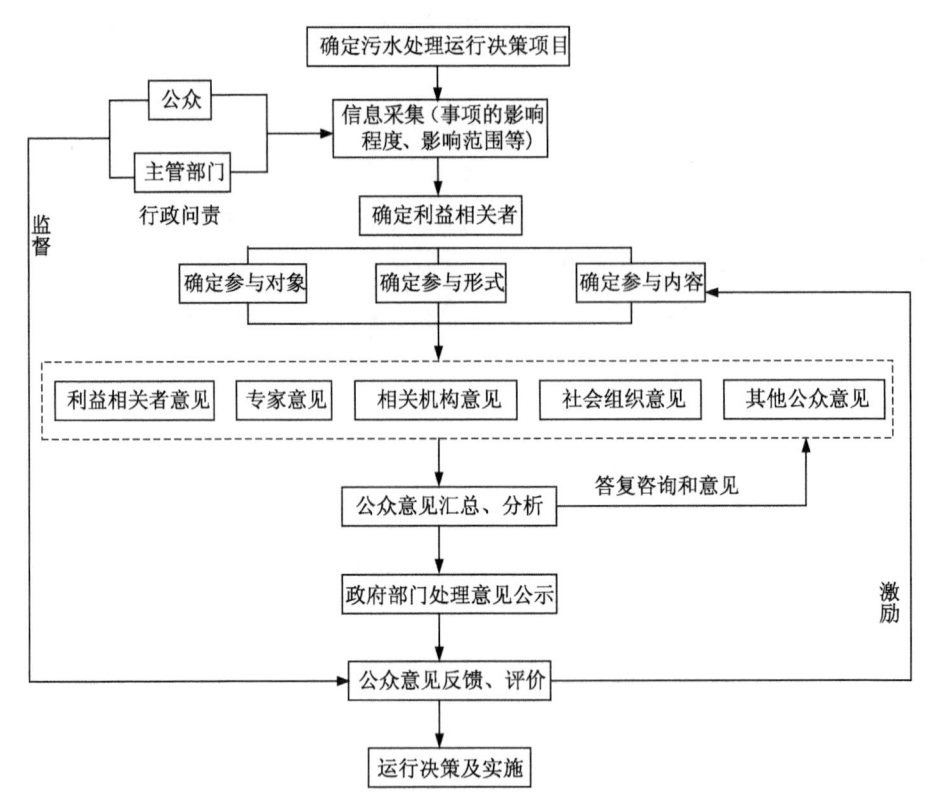

图 5.2　准市场化利益相关主体参与的流程

由图 5.2 可知,在确定农村生活污水项目和利益相关主体前提下进行公众参与,首先,设立公众参与管理机构,通过多种渠道采集信息,包括项目的影响范围、影响程度等,确定项目利益相关主体。其次,依据相关规范,确定利益相关主体参与的对象、形式和内容等。再次,征求公众想法和建议,在此基础上,对想法和建议进行汇总、分析,并及时答复。最后,政府部门根据公众意见和建议进行项目决策和调整,并将意见和结果公示,接受公众意见反馈和评价。通过政府和公众的良性互动,促进农村生活污水处理项目的实施和利益相关主体参与的改进。整个参与和决策过程接受公众和主管部门的监督。

3. 准市场化利益相关主体参与内容

在确定准市场化利益相关主体参与内容之前应首先明确准市场化中各利益相关主体的参与内容。在项目运行活动中,利益相关主体主要包括政府部门、第三方技术服务公司、农户、社会组织等。因此,准市场化利益相关主体参与内容应主要围绕这四类利益相关主体展开。

准市场化利益相关主体参与内容主要是协调利益相关主体间的冲突关系，满足公益性要求和提高项目运行效率。

张国庆[145]基于团队态度、团队行为和组织结构三个着眼点，提出解决冲突的关键在于适度控制冲突的程度，当冲突过多时，采取措施加以降低，当冲突过少时，采取措施加强。具体处理冲突的对策见表5.3。

表5.3 解决冲突的对策

着眼点	要解决的问题	冲突过多时采取的对策	冲突过少时采取的对策
团体态度	明确团体之间彼此的差异点； 增进团体之间关系的相互了解； 改变感情和感觉	强调团体之间相互依赖； 明确冲突升级的动态和造成的损失； 培养共同感觉，消除成见	强调团体之间的利害冲突； 明确勾结、排他的危害； 增强团体界限意识
团体行为	改变团体内部的行为； 培养团体代表的工作能力； 监视团体之间的行为	增进团体内部分歧的表面化； 提高与其他人合作共事的才能； 第三方调解	增进团体内部的团结和意见一致； 提高坚定性和谈判才能； 第三方参加协商
团体结构	借助上级和更大团体的干预； 建立调解机制； 建立新的接触机制； 重新明确团体的职责范围和目标	按照通常的等级处理； 建立规章、明确关系，限制冲突； 设置统一领导各团体的人员； 重新设计组织结构，突出工作任务	上级施加压力，要求改进工作； 消减窒息冲突的规章； 设置专事听取意见的人员； 明确群体的职责和目标，加强彼此的差别

4. 准市场化利益相关主体参与原则

农村生活污水处理项目运行的利益相关主体参与机制，应遵循以下四个参与原则：

（1）政府部门起到引导和教育职能，完善参与机制并强化执行力度。

（2）第三方技术服务公司接受监管和约束，提供更优质的运行服务，持续推进项目稳定运行。

（3）农户是项目运行监督的主体，发挥农户参与共管、共评的作用，建立污染者支付一定费用的农村生活污水处理成本分担机制，提高农户的参与程度并改善参与效果。

（4）社会组织加强其沟通协作作用，提高公众参与意愿和效果，发挥其影响农村生活污水处理项目稳定运行的能力。

5.2.2 农村生活污水处理参与形式

1. 准市场化利益相关主体参与途径

多样便捷的公众参与途径是有效公众参与的重要保障。有效公众参与途径应具有广泛性、简便性等特点，需要因地制宜设计多样化的、适合本地农户的农村生活污水处理项目运行公众参与途径。通过对农村生活污水处理项目运行公众参与途径的现状分析，并借鉴周庆等[146]互动型城市规划的公众参与途径设计，本书将农村生活污水处理项目运行公众参与途径划分为展示型、反馈型和综合型三种，见表5.4。

表5.4 农村生活污水处理项目运行公众参与途径

公众参与类型	具体参与途径	面对人群
展示型	网站项目信息公开	所有农村污水处理项目运行公众参与主体
	行业纸媒专题报道	所有农村污水处理项目运行公众参与主体
	网络媒体信息公开	所有农村污水处理项目运行公众参与主体
反馈型	新闻发布会	所有农村污水处理项目运行公众参与主体
	问卷调查（包括在线和线下）	所有农村污水处理项目运行公众参与主体
	信件、邮箱咨询	所有农村污水处理项目运行公众参与主体
	民意调查（电话和网络调查）	所有农村污水处理项目运行公众参与主体
综合型	价格听证会	农户代表、专家代表、第三方技术服务公司代表等
	在线访谈	所有农村污水处理项目运行公众参与主体
	专题座谈会	专家代表、第三方技术服务公司代表、农户代表等
	热线电话	所有农村污水处理项目运行公众参与主体

由表5.4可知，展示型参与途径强调利用多种媒介将项目运行相关信息真实、完整地传递给公众，让公众了解农村污水处理项目运行情况，此时公众是单方面接收信息，两者之间没有互动；而反馈型参与途径强调建立"参与—反馈"的

循环互动机制,尊重公众意见,尊重参与过程,以开放、包容的心态去倾听民声,特别是对项目运行有直接利益影响的农户的意见,鼓励对话和交流,尽可能获得公众认同和支持,以利于项目的运行和监督;综合型参与途径实为互动型参与途径的一种,在农村生活污水处理项目运行时将展示、意见反馈与收集同时进行,有利于意见传递的及时性。实践中,政府部门要重点解决展示型参与途径中的信息传递完整性与可读性问题,增加反馈型参与途径中的互动反馈途径,并积极创建有利于各方直接交流沟通的条件。

2. 准市场化利益相关主体参与方式

不同层级利益相关主体的参与度也有区别,适宜的具体参与方式也不同。1969年,美国学者阿恩斯坦提出了公众参与的经典阶梯理论[147]。将公众参与按照参与强度由弱到强划分为非参与、形式性参与和实质性参与3种类型8个阶梯,见表5.5。

表5.5 公众参与阶梯理论

参与程度	类型	阶梯	说明	参与等级
深入	实质性参与	市民控制	市民直接规划和管理	高
		权利委任	市民享有法律赋予的批准权	
		公私合作	公众与政府分享权利的职责	
	形式性参与	安抚	享有建议的权利但没有决策的权利	
		咨询	民意调查/公众聆听	
		告知	向公众汇报既成事实	
	非参与	引导	目的在于改变公众对政府的不满,而不是改善不满的各种因素	
表面		操纵	邀请公众的代表人做无实权的顾问	低

如表5.5所示,可借鉴公众参与阶梯理论,结合我国乡村概况及农村生活污水处理项目运行管理的实际情况,设计农村生活污水处理项目运行管理不同层级的公众参与方式。农户通过镇(乡)农村生活污水处理项目运行公众参与小组,直接参与项目运行的管理工作。其参与内容包括,接受技术人员的指导和培训,直接参与项目相关设备、人工湿地、污水管道等的日常维护,受损设备的维修,以及日常指标的检测。同时,农户可以通过传统媒体和新媒体等媒介获得项目运行的相关信息,并通过电话、邮件等方式反馈信息,如拨打生态环境部

12369 环保举报热线、南京 12345 政务热线、12315 消费者举报电话等。上述参与方式属于展示型和反馈型公众参与类型。区(县)农村生活污水处理项目运行公众参与小组指导镇(乡)农村生活污水处理项目运行公众参与小组工作,收集意见与建议,监督执行相关政策,有效组织安排各村镇项目运行工作,协调各方利益,化解矛盾冲突。具体操作方式包括民意调查、开展座谈会等,属于反馈型和综合型的参与类型。省/市农村生活污水处理项目运行公众参与小组负责听取各区(县)农村生活污水处理项目运行公众参与小组、第三方技术服务公司、社会组织等的意见和建议,途径包括新闻发布会、价格听证会、专题座谈会等,并将会议主题、结果、建议等进行公示,这已涵盖了上述三种公众参与类型。农村生活污水处理项目运行不同层级公众参与方式见图 5.3。

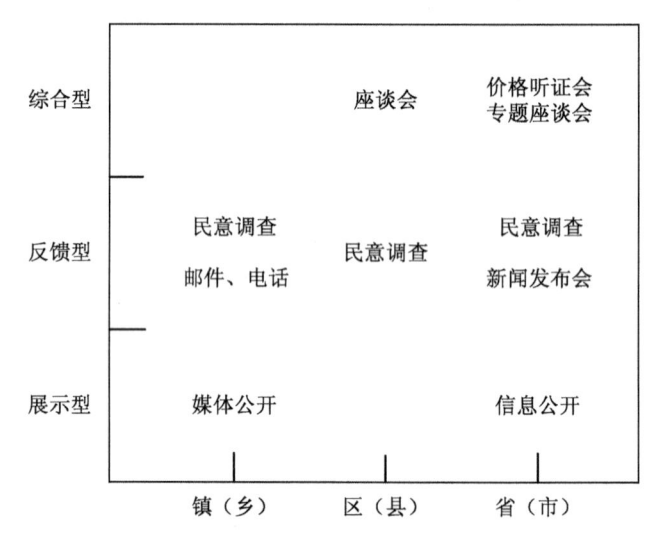

图 5.3 农村生活污水处理项目运行不同层级公众参与方式

由图 5.3 可知,政府部门应积极健全完善相应的信息公开制度、商议制度和意愿表达渠道,以真正实现社会组织的广泛参与。依法公开项目运行信息,建立项目运行信息强制公开制度,切实保障社会组织环境知情权。农村生活污水处理项目运行信息应在环保等相关部门网站依法公开农村生活污水处理项目位置、规模,排放的主要污染物名称、排放方式、排放浓度和总量、超标排放情况,以及运行台账等情况,生态环境部门要定期公布对农村生活污水处理项目运行监管监测结果。

完善举报制度，举报人通过举报热线、官方认可的网络平台等手段监督项目运行中的设备完好、出水水质、污水管道淤积等突出问题，政府部门及时处理，并给予相应的奖励。公开曝光农村生活污水处理项目运行环境典型违法案件，推行农村生活污水处理项目运行环保诉讼。

3. 政府部门授权构建"自下而上"的参与组织

项目运行活动具有外部性特征，同时具备属地原则明显、管理机构多、多目标交织、多主体冲突等特点，因此亟须建立一套"自下而上"的管理机构制度。政府部门根据省/市、区(县)、镇(乡)等行政级别分别设立相应农村生活污水处理项目运行的公众参与管理机构，包括决策机构和执行机构，见图5.4。

图5.4 农村生活污水处理项目运行不同层级公众参与组织

由图5.4可知，在镇(乡)层面，在每个村成立农村生活污水处理项目运行公众参与小组，受上一级管理机构的指导，直接参与本地项目运行的管理工作，按照公众参与规章制度进行农村生活污水处理项目运行管理，解决项目运行中的纠纷，听取农户意见等。在区县层级，分别成立相应的区(县)农村生活污水处理项目运行公众参与小组，受省市一级管理机构指导，并指导乡村一级机构的工作，主要负责建立公众参与规章制度、选聘管理人员和负责人员、决定重大财务开支等工作。在省、市级，成立省/市项目运行公众参与小组，主要负责政策的制定，拟定规章制度，确定工作方向等，并指导区(县)一级的工作。

基于农户追求自身利益和认同环境效益的农户参与机制，可以使农户发挥主观能动性，促使农户自愿、主动地参与到农村生活污水处理项目运行活动过程和决策中，使其真正成为保障项目长效稳定运行的参与主体。按照自愿、平等、便利的原则,不同级别管理机构由相对应的人员组成。镇(乡)农村生活污水处理项目运行公众参与小组直接参与项目运行管理工作,它主要由本村农户组成,小组人数的确定应兼顾成本和效率,同时满足项目运行的基本要求。但由于农户专业技术水平较低,应由乡镇技术站派专门技术人员进行指导,以确保项目正常运行,同时,由村民委员会等组织参与项目运行管理工作。区(县)农村生活污水处理项目运行公众参与小组包括政府部门、第三方技术服务公司、农户和社会组织,具体工作分工如下:政府部门组织项目公众参与工作,第三方技术服务公司具体承办公众参与,农户与社会组织推选代表参加,协会负责人可由上述四方成员商议推选产生,但负责人应具有专业性、权威性,熟悉项目运行情况。由于省/市农村生活污水处理项目运行公众参与小组负责政策制定,因此应广邀各方面专家学者参加,同时有一定比例的农户代表、社会组织代表等,鉴于政府部门是农村生活污水处理项目的建设单位,省/市农村生活污水处理项目运行公众参与小组应加强政府引导,以提高形成决策的效率和执行力。

5.2.3 农村生活污水处理参与保障

1. 公众参与农村生活污水处理项目运行的制度保障措施

农村生活污水处理项目运行中的公众参与权利主要是知情权和参与权,这两种权利是农户、社会组织等公众在参与过程中的基本权利,应以制度形式加以保障和落实。

保障公众知情权主要从两个方面着手:一是定期公布农村生活污水处理项目运行信息。政府或第三方技术服务公司应在项目运行前,公布包括项目运行规划、目标、方案和措施等信息;在项目运行后,定期公布项目运行进展、设备维护、出水水质等情况,同时应保证信息传达的全面性、真实性和可读性,使利益相关公众能够准确把握,避免信息公开流于形式。二是公众有随时获取项目运行信息的自由。个人或组织想要了解农村生活污水处理项目运行的相关信息,可向相关单位询问,政府部门或第三方技术服务公司有义务为其提供项目运行信息,以保障公众的知情权。

2. 公众参与农村生活污水处理项目运行的执行保障措施

通过法律制度予以保障,可以使公众有效参与地到项目运行中去。而在执行过程中,如果缺乏必要的依据,执行结果可能不尽人意。Budryte 等(2017)[148]根据社会调查结果,认为"法律"和"事实上"实施公众参与管理概念之间经常存在差异,需要获得当地利益相关主体的看法。政府应加大公众参与农村生活污水处理项目运行的宣传力度,鼓励公众参与农村生活污水处理项目运行活动,保障公众沟通渠道畅通,同时加强公众参与的有效性保障,流程见图5.5。

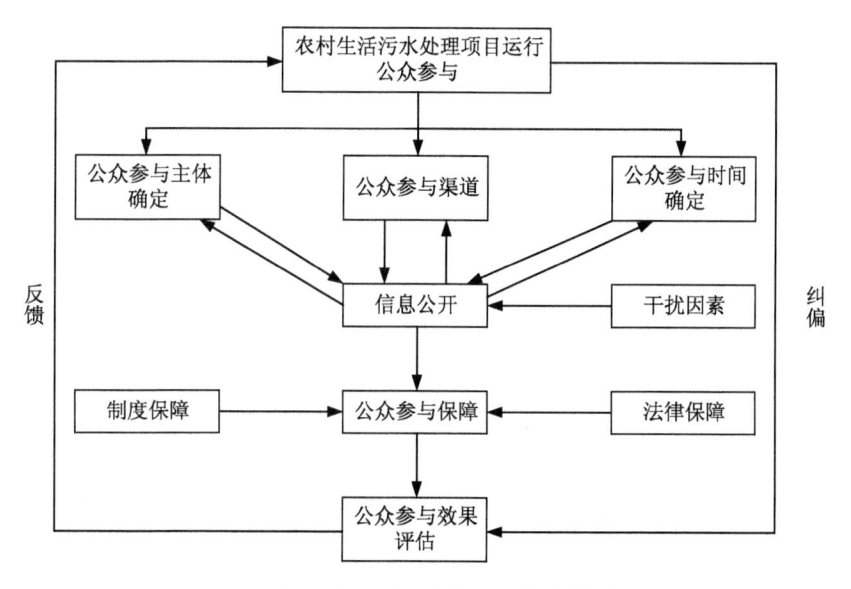

图 5.5　公众有效参与效果保障模型

由图 5.5 可知,在项目运行的公众参与过程中,从公众参与主体、公众参与渠道和公众参与的时间进行信息公开,建立制度保障和法律保障两个方面保障。最后进行公众参与效果评估,评估方法参考 Luyet 等(2012)[149],包括建立评估框架,选择适当的标准、方法和数据来源,然后将结果反馈到最前端公众参与中去。根据反馈结果和意见,不断调整和修改相应的参与机制的设计。

3. 加强社会组织参与

社会组织可以作为公众直接参与到农村生活污水处理项目运行中去,为农户争取利益。社会组织中的高校院所、科研机构具有相当的专业背景。农户在参与农村生活污水处理项目运行中很大的一个难题就是缺乏相应的专业知识,可以借助高校院所、科研机构等社会组织的专业技术力量以弥补农户技术匮乏的缺陷。同时,高校院所、科研机构等社会组织可以对农户培训相关专业知识,提高农户参与能力。

4. 提高公众参与意识和技能

首先,农户、社会组织等公众应充分认识自身在农村生活污水处理项目运行中的主体地位,明确只有积极参与到项目运行管理中去,才能更好地保障自身的合法权益;其次,要增强法律意识,认清自己在农村生活污水处理项目运行中的权利和义务;再次,要加强学习与项目运行相关的知识和技术,提高自身参与能力。

5.3 农村生活污水处理运行管理机制

5.3.1 农村生活污水处理管理机制的设计思路

通过第 3 章的博弈模型分析可知,罚款和污水处理费是政府部门激励第三方技术服务公司提高农村生活污水处理项目稳定运行的有效监管机制,奖励和补贴也可促进第三方技术服务公司对农村生活污水处理项目运行服务质量的提高。

在农户实际参与的情况下,为实现政府部门监管和第三方技术服务公司尽责运行农村生活污水处理项目博弈纳什均衡,需要同时满足以下两个条件:(1) 第三方技术服务公司尽责运行管理农村生活污水处理项目,成本扣减尽责奖励费用小于第三方技术服务公司不尽责运行管理时的罚款;(2) 在农户参与后,当第三方技术服务公司尽责运行管理农村生活污水处理项目时,政府部门的净收益(政府部门收益扣减政府部门的监管成本)大于当第三方技术服务公司不尽责运行管理时政府部门的收益。政府部门可以通过补贴的形式分担部分农村生活污水处理项目的运行成本,但是单独的补贴无法实现农村生活污水处理项目运行的有效激励。

因此,根据农村生活污水处理项目运行利益相关主体博弈的结果分析,结合罚款、奖励和污水处理费用的手段,提出"以政府指导污水处理费动态调整机制为基础,以运行绩效考核为依据的奖励和惩罚机制为主,以欠发达地区和低收入农户补贴机制为辅"的管理机制组合,以提高项目运行服务质量和效率。准市场化的项目运行管理机制的设计思路见图 5.6。

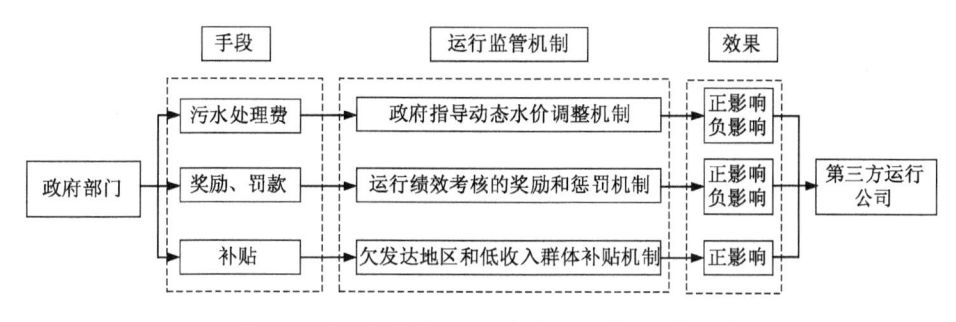

第5章 农村生活污水处理管理机制研究 | 101

图 5.6 准市场化的项目运行管理机制的设计思路

由图 5.6 可知,准市场化农村生活污水处理项目运行管理机制可通过污水处理费、奖励和罚款、补贴等手段来管理第三方技术服务公司,其中污水处理费、奖励和罚款对农村生活污水处理项目运行具有正影响和负影响。补贴对农村生活污水处理项目运行具有正影响。社会成本声誉损失对农村生活污水处理项目运行具有负影响。

5.3.2 政府指导污水处理费定价机制

由第 3 章博弈模型分析可知,调整污水处理费是提高农村生活污水处理项目运行效率的有效监管措施,提高污水处理费有利于推动第三方技术服务公司改善农村生活污水处理项目运行的服务质量,政府可根据农村生活污水处理项目运行的绩效考核结果,及时调整农村生活污水处理价格,以调动第三方技术服务公司尽责运行管理农村生活污水处理项目的积极性,从而实现项目稳定运行的目标。

此外,为缓解污水处理费上涨给农户带来的经济压力并满足农户对美好环境和健康需求,政府部门可以通过财政补贴的方式补偿部分农村生活污水处理项目运行成本,但是补贴政策本身并不是农村生活污水处理项目运行的有效激励措施,因此补贴额度不宜过高。政府指导污水处理费动态调整机制见图 5.7。

由图 5.7 可知,农村生活污水通过污水管道收集,再经过污水处理站进行处理,处理尾水达到排放标准,根据污水处理站的进水水质、出水水质、污水处理量和运转负荷等参数可计算污水处理站的运行成本。政府部门通过动态调整污水处理费用激励第三方技术服务公司提高农村生活污水处理项目运行的服务质量。

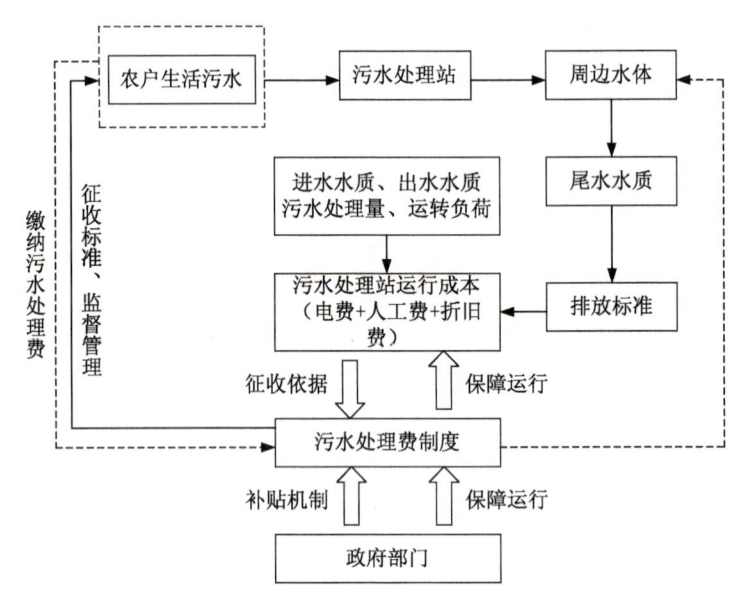

图 5.7　政府指导动态污水处理费调整运行机制

改变以往由政府部门单一支付农村生活污水处理费用的方式,构建农村生活污水处理农户付费,动态调整农村生活污水处理费用,可以实现市场逐利需求与政府履行公共职能之间的平衡。动态调整农村生活污水处理费用可调动第三方技术服务公司、农户等相关利益者的积极性。因此,建立政府指导农村生活污水处理费动态定价和调整机制是农村生活污水处理项目长效稳定运行的关键。

5.3.3　农村生活污水处理运行管理的奖惩机制

由第 3 章博弈模型分析可知,罚款是推动农村生活污水处理项目稳定运行的有效管理手段,能够直接促进第三方技术服务公司提高农村生活污水处理项目运行服务质量。只有满足条件(2),即在农户参与后,第三方技术服务公司尽责运行管理农村生活污水处理项目的成本扣减尽责奖励费用小于第三方技术服务公司不尽责运行管理的罚款时,才有可能实现政府部门监管和第三方技术服务公司尽责运行农村生活污水处理项目博弈纳什均衡。因此,根据第三方技术服务公司绩效考核结果实施的奖惩机制,是确保项目有效运行的重要因素。

在农户参与后,为实现第三方技术服务公司稳定运行和政府部门监管的理想博弈均衡,必须同时满足以下两个条件:(1) 第三方技术服务公司尽责运行管理成本扣减尽责奖励费用小于第三方技术服务公司不尽责运行管理时的罚款；(2)当第三方技术服务公司尽责时政府的净收益(政府部门收益扣减政府部门监管成本)大于当第三方技术服务公司不尽责时政府部门的收益。优化博弈模型的纳什均衡是政府部门实施监管，第三方技术服务公司尽责运行管理。

本书证明了罚款是推动农村生活污水处理项目运行的有效激励手段。根据邹伟进等[142]构建的委托代理模型，政府、社会和市场通过一定的激励和监督手段来规范企业的环境行为，企业通过努力来获得经济效益和规避环境风险，通过设计双方在信息不对称情况下的委托-代理模型，分析政府和企业如何订立优化合约和政府如何选择有效可行的监督力度。何杨平等[140]通过对仅存在道德风险下以及逆向选择与道德风险共存下的激励模型的分析，得出结论：虽然使改造困难类型企业的激励因子和努力水平向下扭曲了，但避免了改造困难类型企业模仿改造容易类型企业的动机，保障了两类企业的利益。

面对处罚的风险，第三方技术服务公司必须内化农村生活污水处理成本，以达到国家规定的相应的污水排放标准。

通过罚款可以让第三方技术服务公司运行规范，保证项目正常运行。罚款的作用与罚款的额度和政府部门的处罚强度有关，但是实施罚款的前提是政府对第三方技术服务公司进行监管，所以应将政府部门的监管成本一并考虑在内。因此，不能只依赖于通过罚款手段来保证农村生活污水处理项目正常稳定运行，需要配合其他激励手段与措施共同保障农村生活污水处理项目的高效运行。

5.3.4 欠发达地区和低收入农户补贴机制

大多数国家的农村生活污水处理项目运行都需要政府的资金支持和财政补贴，以弥补农村生活污水处理项目运行的社会服务的外部成本，满足居民的基本生活需求。一些已有研究肯定了补贴政策的积极作用，认为补贴手段能够对代理人应用新技术或实施具有外部性的环保项目提供经济激励[150]。郑志冰[151]在评价农业补贴政策的现状和问题的基础上，提出了应以增加农民收入和提高农业综合生产力为目标，在WTO框架下进一步完善我国农业补贴政策，充分提高政策的整体效能，更好地解决三农问题。周颖等[152]对我国现行的鼓励农业清洁生产技术运用的补贴政策做了系统梳理，提出了推进农业清洁生产的四点政策建议：一是完善现行政策；二是开展宣传培训；三是加强市场建设；四是健全补贴机制。

补贴手段虽然能够促进项目高效运行，但其并不是保障项目正常运行的常规手段。对农村生活污水处理项目运行提供财政补贴是为了弥补市场失灵和维持社会公平，是对市场机制的一种干预，属于次优选择。Dong 等[153]认为补贴可以促进企业采用清洁生产技术以减少工业生产过程中水、原材料、能源的消耗和废物的产生。

由于农村生活污水处理项目运行市场存在信息非对称性，补贴机制也有可能诱使具有理性经济人特征的第三方技术服务公司做出不同于机制设计目标的选择。政府部门可以通过提供一定幅度的补贴来分担部分污水处理成本，分担因污水处理费上涨而给农户造成的经济压力，但是补贴幅度不宜过大。

5.4 农村生活污水处理的保障机制

5.4.1 农村生活污水处理保障机制的设计思路

准市场的项目运行保障机制由法律保障机制、经济保障机制、组织保障机制三部分组成。其中法律保障机制是基础，经济保障机制是关键，组织保障机制是保证。

5.4.2 农村生活污水处理的法律保障

1. 完善农村生活污水处理项目运行管理的法规政策

法律是治国之重器，项目稳定运行有赖于农村环境监管法律体系的健全。为保证政府部门在监管农村环境污染问题上做到有法可依、执法必严、违法必究，就必须健全农村水环境管理的法律法规，运用合法的监督手段去管理农村生活污水处理项目的运行。

目前，我国出台的《中华人民共和国环境保护法》《中华人民共和国水污染防治法》等涉及农村环境保护和污染防治的法律法规有 20 多部，这些法律法规和政策为政府部门解决农村环境污染问题起到了一定作用，但在项目运行方面，尚缺乏系统全面的监管政策。因此，需要建立农村生活污水处理项目运行监管体系，见图 5.8。

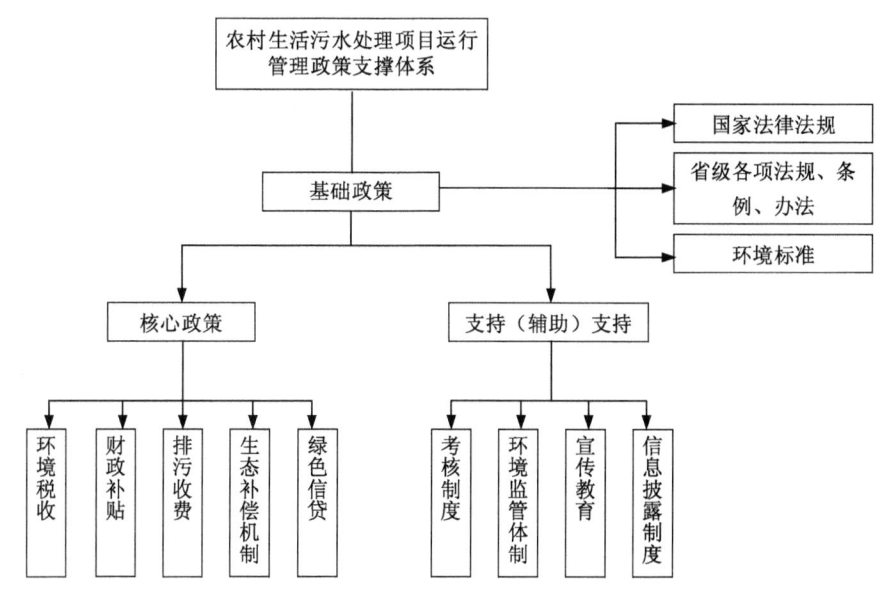

图 5.8 农村生活污水处理项目运行监管体系

由图 5.8 可知,农村生活污水处理项目运行监管体系分为基础政策、支持政策、核心政策三个方面。首先,基础政策是政府部门在监管农村生活污水处理项目运行时最基本的指导政策,引领农村生活污水处理项目运行等方面的实践工作。基础政策又分为 3 部分:(1) 完善现有国家关于农村生活污水处理项目运行方面的规章制度。(2) 结合农村生活污水处理项目的运行现状,建立和补充现有国家法律中缺失的相关规章、条例。(3) 细化相关农村生活污水处理项目运行标准,提出量化指标和可操作的方法。其次,加大农村生活污水处理项目运行的核心政策形成力度,整合税收政策等加强农村生活污水处理项目运行的政策体系。最后,补充辅助项目运行的政策,包括加强环保宣传教育、信息披露制度等方面的政策和措施。制定辅助政策可以帮助政府部门更好地贯彻和执行核心政策。

2. 规范政府部门对农村生活污水处理项目运行的管理行为

政府部门依据农村生活污水处理项目相关法律和政策,对第三方技术服务公司进行管理。针对农村生活污水处理项目分布广、数量多、问题复杂的特点,政府部门采取检查和督察相结合的方式,检查和督察的过程和结果及时公开,对于涉及农村生活污水处理方面的专业问题,可聘请专业人员进行咨询,以利于完善检查和保障督察的科学有效。

在项目运行管理中,可以由政府环保、公安等部门对违法单位或个人进行处罚或由检查机关提起公诉,也可以由利益受损方如农户等对违法者提起诉讼并要求赔偿。

3. 执法监督体制三位一体

为防止执法不力或执法懈怠,依据《中华人民共和国环境保护法》引入了三位一体的环境执法监督体制,最大程度地确保环保执法部门在各方监督下勤勉履职。在项目运行管理中,社会监督、司法监督和行政监督的"三位一体"执法监督体制,犹如悬挂在农村生活污水处理项目各利益相关主体头上的达摩克利斯之剑,使其懒惰或懈怠行为无所遁形。公私互补的二元执法体制、不断强化的环境执法权限和三位一体的执法监督体制则为农村生活污水处理项目运行管理提供了制度保障。

5.4.3　农村生活污水处理的经济保障

农村生活污水处理项目具有分布广、数量多、问题复杂的特点。因此,根据农村生活污水处理项目运行的服务特性,运行资金主要由政府负责筹措。运行资金是农村生活污水处理项目运行的基础,缺乏资金就无法正常运行。所以必要的运行资金投入是农村生活污水处理项目正常运行的前提和保障。为拓宽项目运行融资渠道,加大政府的支持投入力度和群众的参与度,努力解决资金问题,政府部门应制定相应的项目运行扶持政策,建立补助政策,同时引导和鼓励农户付费,切实参与污水处理项目运行,以保障运行资金的到位和投入,保证项目的正常运行。

1. 建立运行管理资金保障机制

农村生活污水处理项目的运行管理资金需要进一步保障,国家和地方财政应向农村生活污水处理项目的运行管理倾斜。推动农户付费制度的建立,建立农户和政府之间共同承担项目运行费用的资金保障体系。政府可以通过发行债券的方式筹措资金。同时发挥政府资金引导作用,鼓励社会资金进入。省级政府部门应设立农村生活污水处理项目运行管理省级财政资金专项,并督促市、区(县)财政将项目运行经费纳入本级预算中。

2. 扩宽运行管理资金筹措渠道

扩宽资金筹措渠道,省级政府部门要明确可从生态补偿专项资金、城镇集中供水排污费中列支部分项目运行管理资金的政策,同时探索向农村生活污水处理项目服务对象征收一定的排污费等手段,完善资金筹措的渠道。

3. 多种方式鼓励和引导运行管理资金保障

加大对社会组织和企事业单位等多种方式支持引导,保障农村生活污水处理项目运行资金。引导社会资本投入;探索农村水污染防治基金设立,拓宽融资渠道,推广特许经营、污水费抵押等担保。

5.4.4 农村生活污水处理的组织保障

1. 构建职责明确的组织体系

为保证农村生活污水处理项目运行的有效实施,首先应构建权责分明的组织体系。从国家、省、市、区(县)、镇(乡)5个层次出发,形成水务、环保等多部门联动的组织体系。明确部门职责,如以水务部门作为主要负责单位,制定制度、统一调度等;生态环境部门对项目运行进行监测和抽查,对于处理水量、COD等污染物浓度及时通报。政府部门之间相互沟通、规范协调,共同实现项目的稳定运行。把项目运行纳入政府服务中,在政策、制度和人员上予以保障。结合当前项目运行分级管理现状、运行机制,构建以市级、区级政府有关行政部门(水务、环保等)为责任主体,乡(镇)政府为监管主体,第三方技术服务公司为管理主体,农户(村委会)为受益主体的管理责任体系,落实运行管理责任。县(市、区)政府要建立农村生活污水处理项目运行验收移交工作制度,加强农村生活污水处理项目运行登记管理。

2. 建立规范科学的组织体系

一是落实目标责任制,由政府部门制定农村生活污水处理项目运行规划和工作方案,然后通过目标责任制将农村生活污水处理项目运行职责分解落实到相关部门,在实施过程中加强协调、组织和服务作用。二是通过建立项目运行组织制度,完善政府部门联合例会制度和协调制度,实现项目的有序运行。三是发挥第三方技术服务公司专业化、技术化、精细化的特点,通过打包分片,招标的方式,促进农村生活污水处理项目长效运行。

3. 拓宽公众参与渠道

公众参与对农村生活污水处理项目长效运行管理工作具有强大的推动作用，有利于项目运行的现场、绩效和考核信息应公开，加大利益相关主体对项目运行的监督。一是鼓励利益相关主体行使议事权，明确利益相关主体参与农村生活污水处理项目运行管理的程序和参与的方式和内容；二是充分发挥基层组织的参与作用，积极参与到项目运行管理中去；三是建立与完善投诉制度，及时发现项目运行管理中存在的问题。开展广泛宣传教育，制定项目运行宣传方案，细化工作措施，分期组织实施。深入开展新闻报道，详细解读农村生活污水处理项目运行内容，跟踪报道治理成效。把农村水污染防治纳入教育体系，提高全社会对水环境保护的意识，依托农村生活污水处理示范点，开展现场社会实践和环保教育活动。

5.5 农村生活污水处理监测运行平台

5.5.1 农村生活污水处理监测运行平台的设计思路

农村生活污水处理准市场化运行保障机制的设计思路见图5.9。

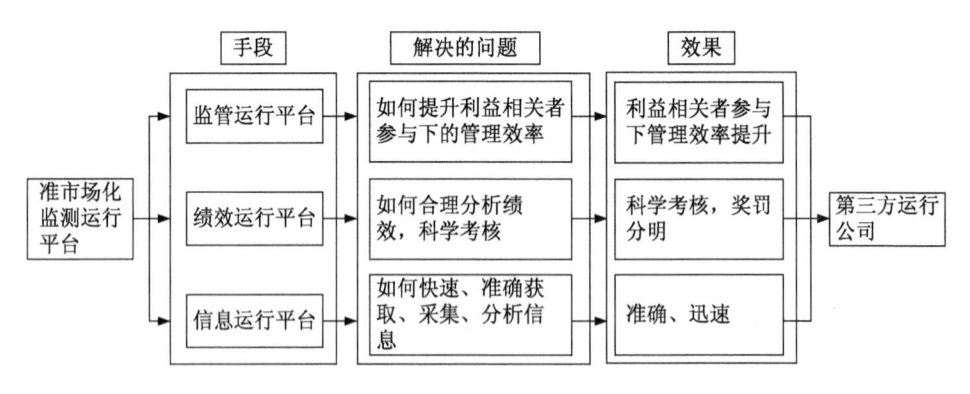

图5.9 运行保障机制的设计思路

由图5.9可知，准市场化运行平台包括准市场化机制的监管运行平台、准市场化机制的绩效运行平台、准市场化机制的信息运行平台三部分。其中准市场化机制的监管运行平台是基础，准市场化机制的绩效运行平台是关键，准市场化机制的信息运行平台是动力。

5.5.2 农村生活污水处理信息运行平台

农村生活污水处理准市场化机制的信息运行平台见图 5.10。

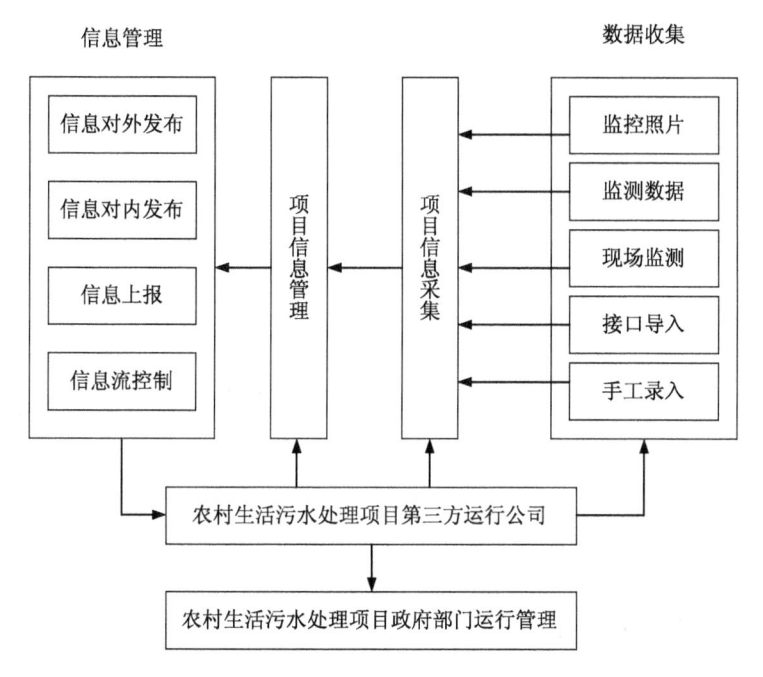

图 5.10 准市场化机制的信息运行平台

由图 5.10 可知，第三方技术服务公司通过多种方式索取、归纳、整理并最终形成农村生活污水处理项目运行所需的有效信息；监管信息管理行为是指农村生活污水处理项目第三方技术服务公司综合采用法律、技术和经济的方法和手段对信息采集的信息流（包括正规信息流和非正规信息流）进行控制，以提高信息利用效率、最大限度地实现信息效用价值并上报政府部门的过程。

政府部门在管理项目运行的过程中，不仅需要项目运行的基本信息，如项目位置、服务村庄的户数和人口、处理规模等，而且需要项目运行的进水水质、出水水质、运行负荷、设备运行、在线监控运行、人员巡检、设备用电等情况。通过对农村生活污水处理项目运行信息进行采集，为项目运行方案的制定和决策提供信息支持。监管信息采集及信息管理的主要内容包括：

（1）构建信息采集系统。建立覆盖农村生活污水处理项目运行服务范围的信息采集系统。

(2) 信息收集和处理。对收集的数据进行获取、处理、存储、检索、分析与显示等，以符合项目运行监管的需求。

(3) 信息发布和管理。第三方技术服务公司做好对内、对外信息发布工作，并向农村生活污水处理项目运行监管机构上报相关数据。

5.5.3 农村生活污水处理管理运行平台

农村生活污水处理准市场化机制的管理运行平台如图 5.11 所示。

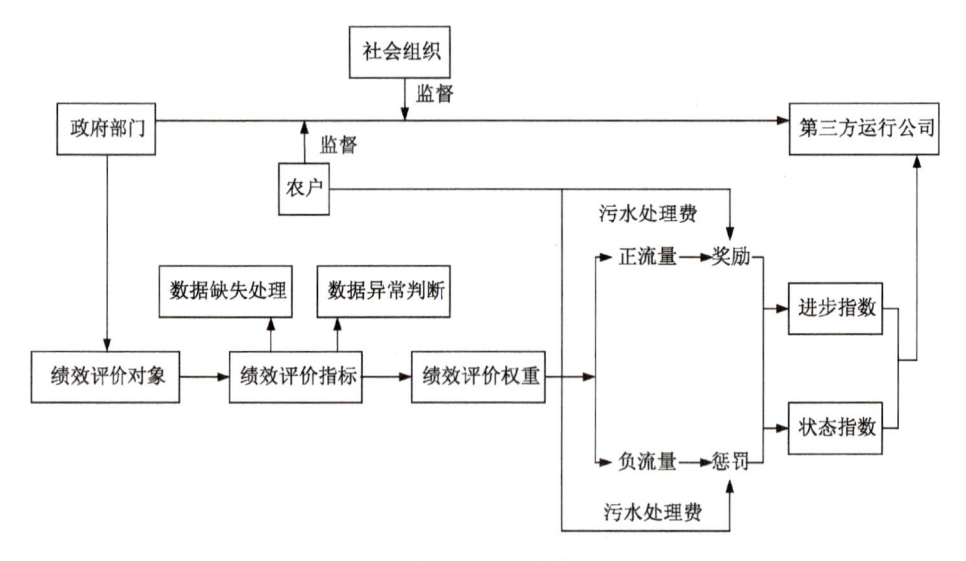

图 5.11 准市场化机制的管理运行平台

由图 5.11 可知，政府部门通过监管平台考核第三方技术服务公司工作绩效，确定农村生活污水处理项目运行工作绩效考核指标和指标权重，绩效考核结果分为正流量和负流量两种情况，对正流量进行奖励，对负流量进行惩罚，然后把当年的考核结果设为状态指数，与往年绩效考核结果相比如果有改善，则将改善值记录为进步指数。政府部门根据绩效考核结果对第三方技术服务公司进行奖励和惩罚。在绩效考核指标确定的过程中应注意对数据缺失的处理和对数据异常的判断。农户和社会组织对政府部门是否依据考核结果奖励或惩罚第三方技术服务公司进行监督。

5.5.4 农村生活污水处理绩效运行平台

农村生活污水处理准市场化机制的绩效运行平台如图 5.12 所示。

第 5 章 农村生活污水处理管理机制研究

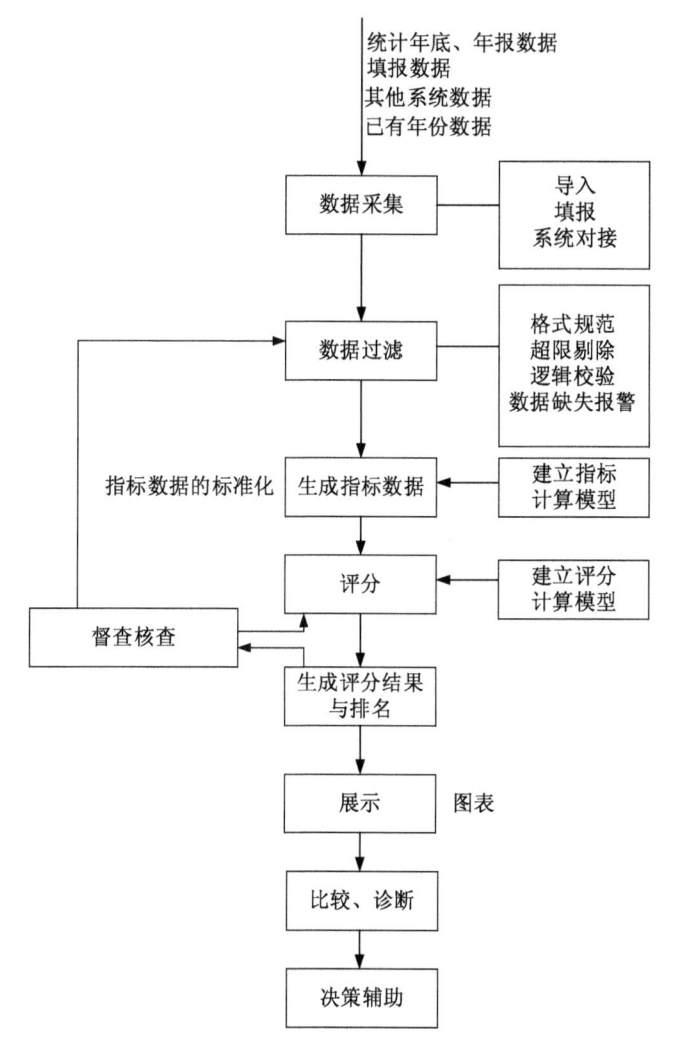

图 5.12 准市场化机制的绩效运行平台

由图 5.12 可知,通过填报数据、查阅统计年报等方式采集农村生活污水处理项目运行数据,然后对项目运行数据进行过滤,规范数据格式,剔除异常数据,处理缺失数据,并做逻辑校验,通过模型计算生成指标数据,然后对项目运行绩效进行评分,根据评分结果与排名进行图表展示,比较分析农村生活污水处理项目运行绩效结论,最后提供决策辅助以改善农村生活污水处理项目运行工作。其中,在评分阶段和生成评分结果与排名阶段需要进行督查核查,以减少错误,提高农村生活污水处理项目运行工作绩效评估的准确性。

5.6　本章小结

本章开展了农村生活污水处理项目运行准市场化机制设计,构建了"政府部门引导、市场为主、公众广泛参与"的准市场化运行机制。提出了农村生活污水处理项目准市场化运行的机制思路,以实现准公益性衍生需求和提高政府的管理效率为目标,进一步设计了准市场化的项目运行利益相关主体参与机制、准市场化的项目运行管理机制、准市场化的项目运行保障机制。最后形成了准市场化机制的信息运行平台、管理运行平台、绩效运行平台。层层推进,强化准市场化运行机制的可操作性,最终形成农村生活污水处理项目准市场化运行机制的创新体系。

/ 第 6 章 /

农村生活污水处理案例研究

基于第 5 章农村生活污水处理机制设计,将研究成果应用于 G 区项目运行中,积累应用经验。本章针对 G 区农村生活污水处理项目现状和问题,开展 G 区项目运行的参与机制、运行管理机制和监测运行平台,促进了 G 区农村生活污水处理项目的稳定运行。

6.1 案例背景

6.1.1 G 区农村生活污水处理项目概况

G 区地处长江三角洲平原,坐落于长江下游重要的中心城市 N 市的东南郊。G 区面积 786.60 km²,辖 7 个镇,143 个行政村,239 个自然村,106 387 户,乡村人口 333 382 人。

1. G 区各时间段农村生活污水处理项目建设情况

G 区共有 239 个村,截至 2017 年,共完成 184 个村生活污水处理项目建设,覆盖率达 77.0%。2018 年计划完成 55 个村生活污水处理项目建设,实现村生活污水处理覆盖率、运行率均达 100%。各时间段农村生活污水处理项目投资建设情况见表 6.1。

表 6.1 G 区各时间段农村生活污水处理项目投资建设情况

时间	投资建设主体	建设内容	建设成效
第一阶段(2009—2012 年)	G 区城管局	三星村打造	7 个村生活污水处理项目竣工

续　表

时间	投资建设主体	建设内容	建设成效
第二阶段（2013—2017年）	G区环保局	全省覆盖拉网式农村环境综合整治	2017年完成177个村生活污水处理项目竣工
第三阶段（2018年）	G区水务局	农村生活污水处理覆盖率达100%	2018年完成剩余55个村生活污水处理项目竣工
合　计			239个

2. G区分年度农村生活污水处理项目建设情况

G区分年度农村生活污水处理项目的个数见图6.1。

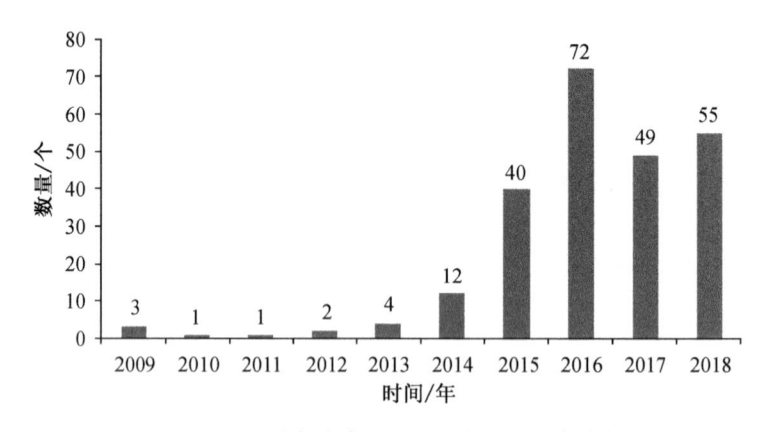

图6.1　G区分年度农村生活污水处理设施的个数

由图6.1可知，G区共有239个村，其中2009年投资建设3个村生活污水处理项目，占比1.26%；2010年投资建设1个村生活污水处理项目，占比0.42%；2011年投资建设1个村生活污水处理项目，占比0.42%；2012年投资建设2个村生活污水处理项目，占比0.84%；2013年投资建设4个村生活污水处理项目，占比1.67%；2014年投资建设12个村生活污水处理项目，占比5.02%；2015年投资建设40个村生活污水处理项目，占比16.74%；2016年投资建设72个村生活污水处理项目，占比30.13%；2017年投资建设49个村生活污水处理项目，占比20.50%；2018年投资建设55个村生活污水处理项目，占比23.01%。

3. G区农村生活污水处理项目工艺建设情况

G区农村生活污水处理项目工艺建设情况见图6.2。

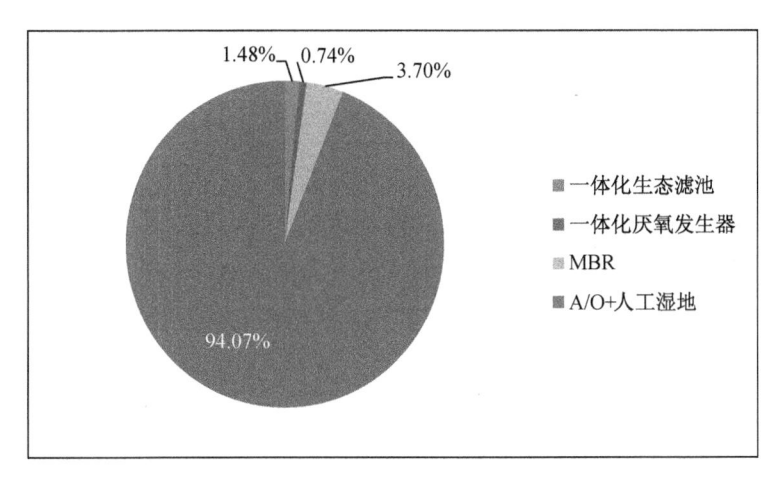

图 6.2　G 区农村生活污水处理项目工艺建设情况

由图 6.2 可知，G 区已建 135 个村生活污水处理项目，其中采用"A/O+人工湿地"工艺的共 127 个，占比 94.07%；采用一体化生态滤池工艺的共 2 个，占比 1.48%；采用一体化厌氧发生器工艺的共 1 个，占比 0.74%；采用 MBR 工艺的共 5 个，占比 3.70%。

6.1.2　G 区农村生活污水处理问题分析

随着经济飞速发展和环保政策要求的日益严格，G 区基本完成了农村生活污水处理项目建设任务，但是项目运行工作开展严重滞后，项目运行中存在的问题和困难主要有以下三个方面。

1. 分布广、数量多、规模较小，运行成本高，管理难度大

G 区面积有 786.60 km^2，农村生活污水处理项目共 239 个，经计算，分布密度为 0.3 个/km^2，分布范围较广。每个自然村拥有 1 个项目，且远离镇区，同时村庄坐落位置呈不规则分布。G 区农村生活污水处理项目共 239 个，其中 100 t/d 以下处理规模的农村生活污水处理项目占比 98%；50 t/d 以下处理规模的农村生活污水处理项目占比 80% 以上；多以 30 t/d 以下处理规模的农村生活污水处理项目为主。因此，G 区农村生活污水处理项目运行呈现分布广、数量多、规模小的特点。

G 区农村生活污水处理项目实际运行规模小于设计规模。一方面，因 G 区农村人口外出打工、就业、读书等，造成 G 区农村实际人口少于规划人口。另一

方面,目前 G 区农村常住人口以老人、妇女为主,日常生活用水节约,多用池塘水洗衣、洗菜等。因此,造成农村生活污水处理项目实际运行处理规模仅为设计规模的 50%～60%;农村生活污水处理项目实际运行处理成本为每吨污水 2.5～4.0 元,远高于城市生活污水处理费用。因此,G 区农村生活污水处理项目运行存在运行成本高,管理难度大的问题。

2. 政府部门责任分工不清,项目运行的政府管理效率低

G 区农村生活污水处理项目产权归属政府部门和村集体,其中政府部门占比 97%以上,产权结构较为单一。但是由于三个阶段的投资建设主体分别为 G 区城管局、G 区环保局、G 区水务局,因此造成 G 区农村生活污水处理项目运行责任主体之间分工不清,导致项目运行协调难度加大。随着时间的推移,G 区部分农村生活污水处理项目运行过程中出现水泵、风机等设备无法正常使用,人工湿地中植物枯萎,周边环境恶化,污水管道堵塞和淤积等问题。

G 区的农村分布范围广且分散,项目规模小且数量大,项目运行管理复杂,政府部门监管成本高。由于 G 区政府部门对农村生活污水处理项目运行的监管工作起步较晚,因此尚未建立一套相对完整的政府部门监管工作体系和专业的监管队伍。目前,G 区政府部门仍通过下发政府文件、行政抽查、现场督办等方式对农村生活污水处理项目运行进行监管,该监管方式存在盲目性增加、针对性差、长效运行差的问题。受 G 区政府部门编制、经费等限制,G 区政府部门管理力量薄弱,管理效果不理想。以 G 区水务局为例,分管农村生活污水处理项目运行的人员仅有 1～2 人,因此一般以抽查的方式定期对各镇的农村生活污水处理项目运行情况进行检查。G 区水务局 1～2 名检查人员满负荷工作时的检查效率为每天 3～5 个农村生活污水处理项目,如果要完成 G 区所有项目运行的检查工作,需至少 48 个工作日。G 区乡建所作为 G 区农村生活污水处理项目运行监管的基层对口政府部门,一般正式编制人员为 4～5 人,只能安排 1 人负责项目运行检查工作,而 G 区平均每个乡镇的项目都在 30 个以上,且较为分散,无疑大大增加了 G 区政府的管理成本和管理难度。

3. 项目运行资金不足,专业人员缺乏

由于区、镇两级财政薄弱,目前 G 区农村生活污水处理项目运行资金基本来源于中央、省、市三级财政补助。但中央、省、市三级财政补助仅能满足 G 区

农村生活污水处理项目的运行的基本费用,无法实现 G 区农村生活污水处理项目的长效稳健运行。由于缺乏专项资金和专人管理,G 区农村生活污水处理项目运行过程中经常出现跳闸断电、设备损坏无人维修、人工湿地植物和周边卫生无人养护、污水进出水井淤堵、管道堵塞等故障。G 区农村生活污水处理项目运行故障与问题见图 6.3。

图 6.3　G 区农村生活污水处理项目运行情况

4. 农户主体意识不足,参与度偏低,环保意识较差

全面建成小康社会,农户是人居环境提升的主要受益者,因此农户应当积极主动参与农村生活环境治理。前期,由于农村生活污水处理项目的主管部门 G 区政府部门未充分调动农户积极性,同时部分生活污水处理项目在运行中出现问题和故障,并未给 G 区农户带来实质性收益,因此,G 区农户参与管理项目运行的积极性不高,不少农户认为既然政府部门投资建设农村生活污水处理项目,理应负责运行农村生活污水处理项目,农户参与管理农村生活污水处理项目的主体意识不高。并且,G 区农户的环保健康意识有待加强,在日常生活中部分 G 区农户为节省家庭开支而使用河水、湖水、池塘水洗衣、洗菜、洗碗等,但已污染的河水、湖水、池塘水将对 G 区农户的身体健康构成威胁。因此,G 区农户参与管理监督农村生活污水处理项目运行工作的主动性与自身的环保意识亟待提高。

6.1.3　G 区农村生活污水处理设计

G 区农村生活污水处理项目的现状运行机制见图 6.4。

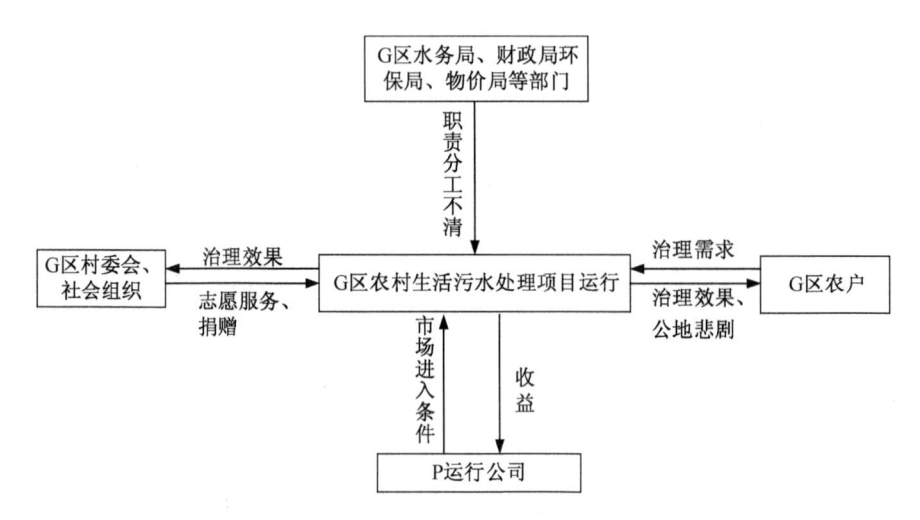

图 6.4　G 区农村生活污水处理项目的现状运行机制

根据第 4 章的研究成果，G 区农村生活污水处理项目运行的准市场化机制设计见图 6.5。

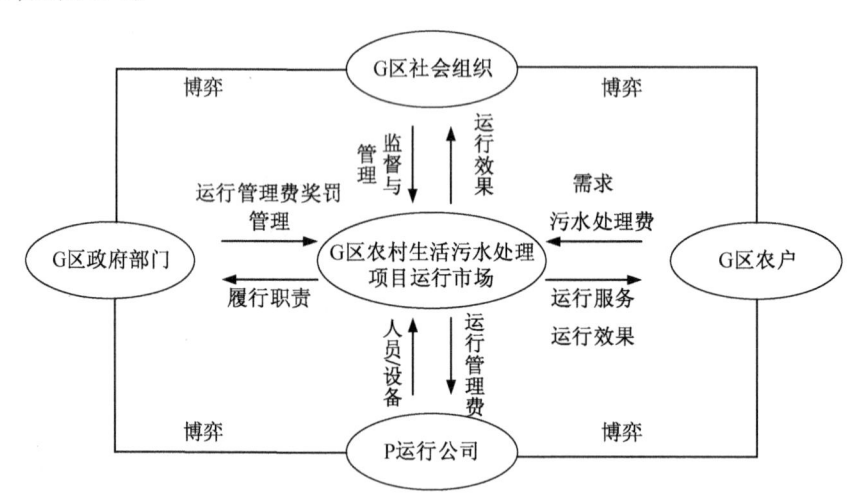

图 6.5　G 区农村生活污水处理项目运行的准市场化机制设计

6.2　G 区农村生活污水处理参与机制

6.2.1　G 区农村生活污水处理参与机制的思路

针对 G 区项目运行利益相关主体参与存在的问题，本节应用第 4 章农村生活污水处理项目运行的准市场化机制设计的研究成果,建立"G区政府部门引导、P技术服务公司为主、G区公众广泛参与"的参与机制。G区政府部门鼓励利益相关主体以多种形式积极参与农村生活污水处理项目运行。G区农村生活污水处理项目准市场化运行利益相关主体参与机制流程见图6.6。

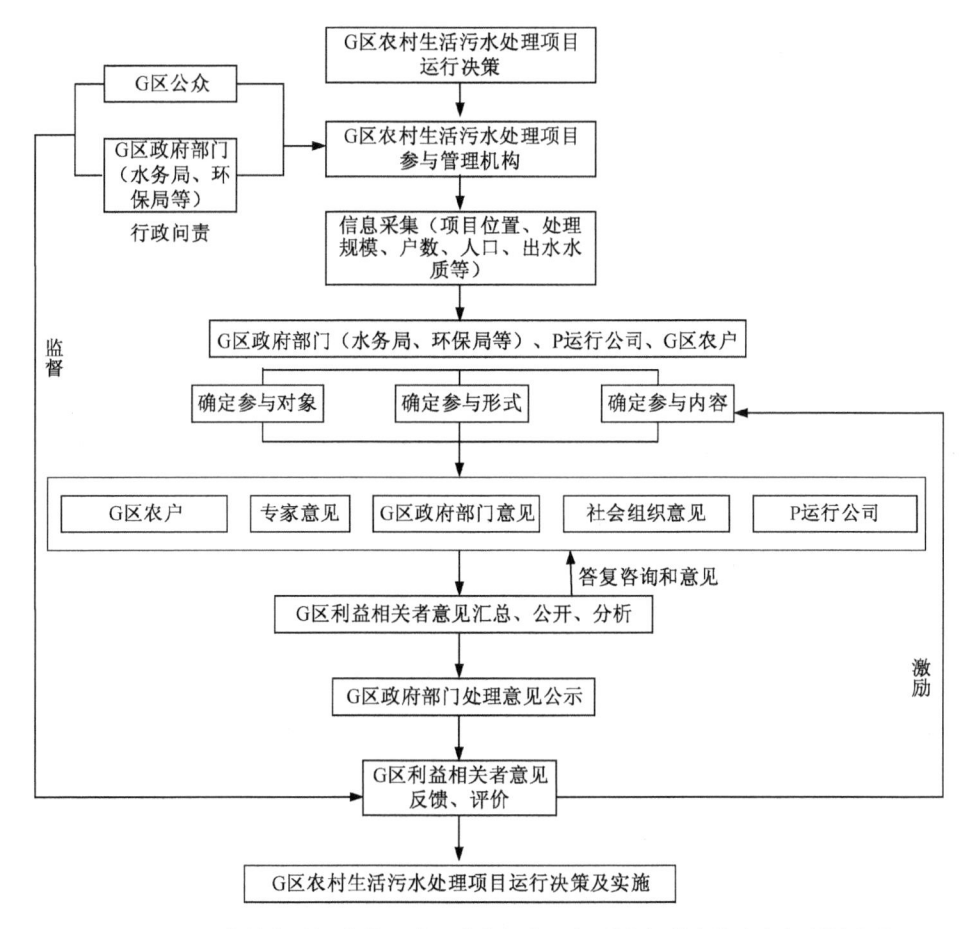

图6.6　G区农村生活污水处理项目准市场化运行利益相关主体参与机制流程图

由图6.6可知,G区农村生活污水处理项目参与流程包括:(1)G区要明确农村生活污水处理项目运行利益相关主体的参与机制,设立利益相关主体参与管理机构,丰富利益相关主体参与形式;(2)G区要建立因地制宜的利益相关主体参与模式和参与流程体系,建立定期信息公开与沟通制度,降低利益相关主体参与信息的成本;(3)对参与的过程及成果进行反馈、评价,保障农村生活污水处理项目参与的效果。

6.2.2　G区农村生活污水处理参与机制的设计

G区农村生活污水处理项目运行利益相关主体参与应遵循"自愿参与、平等对话、协商解决、定期沟通"的原则。本书对G区农村生活污水处理项目运行利益相关主体的参与范围、参与形式、参与管理机构、参与流程和参与保障这五个方面进行设计。

1. 利益相关主体的参与范围

G区农村生活污水处理项目运行利益相关主体包括G区政府部门（水务局、环保局等）、P技术服务公司、G区农户和G区社会组织等。G区政府部门包括G区农村生活污水处理项目投资建设主体水务局、环保局等，以及其他相关政府机构。其负责监管G区农村生活污水处理项目的运行和日常组织工作。P技术服务公司是指通过公开招投标、竞争性谈判等方式确定的第三方技术服务公司，其负责配备专业设备、技术与人员运行管理G区农村生活污水处理项目。G区农户是指G区辖下7个乡镇的常住农村人口，他们是G区项目运行的受益者，也应参与管理和监督G区农村生活污水处理项目运行。G区社会组织包括G区辖下239个自然村村委会、高校院所、科研机构等单位，村委会组织本村农户以修剪人工湿地植物等方式参与管理农村生活污水处理项目运行，并监督P公司运行管理工作；高校院所、科研机构等单位以其专业技术素养支持G区农村生活污水处理项目的运行。

2. 利益相关主体的参与形式

建立G区农村生活污水处理项目运行利益相关主体参与形式应包括构建G区农村生活污水处理项目运行利益相关主体沟通网络和参与制度。（1）构建G区农村生活污水处理项目运行利益相关主体沟通网络。G区应构建由G区政府部门（水务局、环保局等部门）引导，P技术服务公司、G区农户和G区社会组织为参与主体的沟通网络，共同监督G区的项目运行。该沟通网络由G区7个子网络构成，包括GA、GB、GC、GD、GE、GF、GG镇政府部门，P技术服务公司，GA、GB、GC、GD、GE、GF、GG农户，G区社会组织。在G区沟通网络上发布农村生活污水处理项目位置、规模、排放的COD、氨氮、总磷等浓度、排放的流量、达标率情况，以及运行台账等情况。（2）建立G区项目运行利益相关主体参与制度。建立 G 区农村生活污水处理项目运行利益相关主体参与组织,充分利用 G 区农村生活污水处理项目运行利益相关主体沟通网络,及时公开、公布 G 区农村生活污水处理项目的运行情况,讨论并反馈处理相关信息与需求,保障 G 区农村生活污水处理项目运行各利益相关主体的知情权、参与权、管理权、监督权。

3. 利益相关主体参与的管理机构

根据 G 区农村生活污水处理项目运行的特点,组建 G 区参与管理机构,包括决策机构和执行机构。G 区辖下 7 个乡镇 GA 镇、GB 镇、GC 镇、GD 镇、GE 镇、GF 镇、GG 镇分别成立了相应的农村生活污水项目运行公众参与小组,主要负责建立 G 区利益相关主体参与规章制度、选聘管理人员和负责人员、决定重大财务开支等工作。在 G 区 7 个乡镇农村生活污水项目运行公众参与小组指导下,成立 239 个自然村农村生活污水项目运行公众参与小组,按照利益相关主体参与的规章制度进行农村生活污水处理项目的运行管理,协调项目运行中出现的各种纠纷,听取农户等利益相关主体的意见,并及时响应反馈意见。

4. 利益相关主体的参与流程

G 区应根据本区项目运行特点,制定 G 区农村生活污水处理项目运行利益相关主体参与流程。G 区政府部门(水务局、环保局等部门)、P 技术服务公司、G 区农户、G 区社会组织以 G 区农村生活污水处理项目运行利益相关主体沟通网络和参与制度为媒介,以 G 区农村生活污水处理项目运行利益相关主体参与管理机构为组织,参与 G 区农村生活污水处理项目运行并充分表达自身需求与建议,参与管理机构及时公布项目运行进展信息,汇总分析各利益相关主体的意见并做反馈处理。

5. 利益相关主体的参与保障

G 区政府部门(水务局、环保局等部门)依据相关法律法规制定本区农村生活污水处理项目运行利益相关主体参与保障的管理规定,以制度形式保障 G 区农村生活污水处理项目运行利益相关主体的参与权利。鼓励 G 区农户、社会组织积极参与农村生活污水处理项目的运行,邀请高校院所、科研机构等社会组织定期为 G 区农户提供农村生活污水处理项目运行的技术培训,提高 G 区农户的参与能力;加大对 G 区农户的环保健康卫生教育宣传,增强 G 区农户参与农村生活污水处理项目运行的主体意识。

6.3 G区农村生活污水处理运行管理机制

6.3.1 G区农村生活污水处理运行管理机制的思路

G区政府部门管理的科学合理化程度关系到农村生活污水处理工程项目运行效果的优劣。在明晰G区农村生活污水处理项目产权归属和分析G区农村生活污水处理项目运行利益相关主体的基础上,设计G区农村生活污水处理项目运行的政府管理体制。包括明确G区农村生活污水处理项目运行监管目标、合理确定G区政府部门(水务局、环保局等部门)监管机构的职能与权利、改善G区政府部门(水务局、环保局等部门)的监管方式和监管手段、完善G区农村生活污水处理项目运行管理规则与标准,采取G区政府部门(水务局、环保局等部门)引导,P技术服务公司市场运行为主的管理模式,形成全过程动态管理。G区农村生活污水处理项目运行的准市场化管理机制流程见图6.7。

由图6.7可知,G区农村生活污水项目准市场化运行管理机制流程分为五步。第一步,明确G区项目准市场化运行管理的原则和范围。G区建立"统一管理、政府引导、因地制宜、城乡统筹、专业统筹"的农村生活污水项目准市场化运行管理原则,并将G区农村生活污水收集管网和污水处理设施统一纳入管理范围。第二步,明确G区政府部门(水务局、环保局等部门)的职责分工。建立G区农村生活污水项目运行公众参与小组,成员由G区水务局,G区财政局,G区环保局,G区物价局,GA、GB、GC、GD、GE、GF、GG镇政府组成。通过公开招投标方式,确定G区农村生活污水处理项目运行中标单位为P技术服务公司。第三步,明确G区农村生活污水处理项目运行维护的内容,即P技术服务公司的工作内容包括配备专业人员、设备等,以及定期检查G区农村生活污水处理设施,以保持农村生活污水输送管网状况良好,管道畅通无淤堵;保证项目运行正常,出水水质达标,仪表显示无误,风机泵站运转良好,人工湿地定期维护等。第四步,合理确定G区农村生活污水处理项目运行维护的费用来源。除中央、省、市三级财政补助之外,可从公众缴纳的污水处理费里支取,保障项目运行所需的日常检查、维护和升级。第五步,完善G区农村生活污水处理项目运行

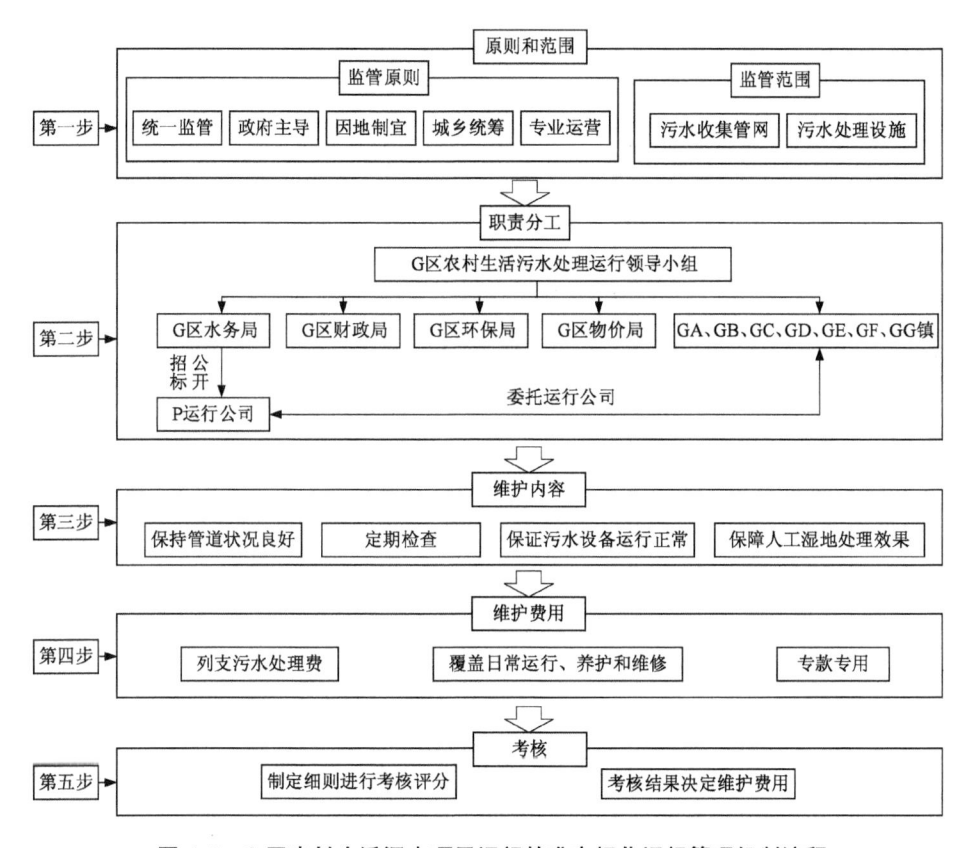

图 6.7　G 区农村生活污水项目运行的准市场化运行管理机制流程

的绩效考核。制定 G 区农村生活污水处理项目运行的绩效考核细则，根据运行绩效考核结果来决定是否给予奖励、补贴或惩罚。

6.3.2　G 区政府部门农村生活污水处理运行管理

明确 G 区政府部门之间的权利与责任、通过多种手段管理 P 技术服务公司以提高其运行服务质量、鼓励 G 区农户与社会组织积极参与，进而实现 G 区政府部门、P 技术服务公司与 G 区公众之间的利益动态平衡，以保证 G 区项目长效稳定运行。

1. G 区农村生活污水处理项目运行政府管理主体及职能分工

G 区政府部门管理主体包括中央人民政府，省级人民政府，市级人民政府，G 区人民政府，GA、GB、GC、GD、GE、GF、GG 镇政府等管理主体。

(1) 中央人民政府和省级人民政府的管理职责。中央人民政府和省级人民政府负责对 G 区农村生活污水处理项目运行资金使用和国有资产的管理。

(2) 市级人民政府的管理职责。统筹 G 区项目运行工作，对 G 区项目运行效果进行考核。

(3) G 区人民政府的管理职责。指定《G 区农村生活污水处理项目运行管理办法》，对 GA、GB、GC、GD、GE、GF、GG 镇共 7 个乡镇政府的农村生活污水处理项目运行进行管理以及绩效考核。

(4) G 区政府部门及各乡镇政府的管理职责。G 区水务局对项目运行负责，并且对项目运行管理进行指导检查，定期汇报总结。G 区财政局，G 环保局，G 区物价局，GA、GB、GC、GD、GE、GF、GG 镇政府按照职责分工做好相关工作。具体分工如下：G 区农村生活污水项目运行管理办法和细则由水务局负责，考核工作和监管也由水务局安排。G 区农村生活污水处理项目运行相关费用由 G 区财政局负责协调，涵盖奖励补贴资金，根据 P 技术服务公司绩效考核结果以决定是否下发奖补资金；G 区农村生活污水处理项目运行水量和 COD、氨氮等指标由 G 区环保局检测；G 区农村生活污水处理费的价格体系在 G 区物价局负责指导下完成，并监管污水处理费价格的制定和执行。GA、GB、GC、GD、GE、GF、GG 镇政府是 G 区 239 个农村生活污水处理项目运行管理的基层责任主体，对辖区内的农村生活污水处理项目进行巡查、监管。落实相应的管理人员、详细分工、定期汇报，对项目运行中的设备故障、工艺问题和人工湿地运行情况进行现场督察，督促 P 技术服务公司及时整改。

2. 加强对 G 区农村生活污水处理项目第三方技术服务公司的管理

G 区政府部门（水务局、环保局等部门）对 G 区农村生活污水处理项目第三方技术服务公司的管理可以分为两部分内容。

(1) 第三方技术服务公司的确定。由 G 区水务局采用公开招标方式选择专业第三方技术服务公司，由 GA、GB、GC、GD、GE、GF、GG 镇政府与中标的第三方技术服务公司（即 P 技术服务公司）签订委托代理合同。在 G 区公开招标文件中，应重点考察第三方技术服务公司的专业技术实力、过往运行管理成功案例等，以保证中标的 P 公司确有实力做好 G 区农村生活污水处理项目的运行工作。

(2) 加强对 P 公司的日常管理。确定 P 技术服务公司工作职责如下：① 对 G 区农村生活污水处理项目终端进行管理。配备电气、工艺、结构、自控等专业人员，并形成专业的巡逻队伍，配备专用的巡逻车。② 建立化验室，对项目运行过程中进出水的 COD、氨氮等指标进行检测，并及时反馈给现场运行人员。③ 利用物联网对 G 区农村生活污水处理项目运行进行智能化管理。现场运行须对污水管网进行疏通、清理；对破损的窨井盖进行维修更换；对污水处理站构筑物巡检，对风机、水泵等主要设备进行保养。每月向 G 区政府部门（水务局、环保局等部门）报送当月 G 区农村生活污水处理项目运行报表，确保 G 区项目运行正常，出水 COD、氨氮等指标达标。

6.3.3　G 区政府部门管理农村生活污水处理费动态调整和奖惩机制

1. 资金管理

G 区农村生活污水处理项目运行费用由 G 区财政局负责，并将运行费用下发至 7 个乡镇财政所。GA、GB、GC、GD、GE、GF、GG 镇财政所收到 G 区财政局下发的运行费用后，支付至 P 技术服务公司。根据 P 技术服务公司绩效考核结果，如需对 P 技术服务公司发放奖励或补贴，GA、GB、GC、GD、GE、GF、GG 镇财政所向 G 区财政局提交申请报告，待 G 区财政局审批同意后下发奖补资金至各乡镇财政所。GA、GB、GC、GD、GE、GF、GG 对运行费用、财政补贴等资金使用情况做好台账登记工作，并按月向 G 区财政局报送农村生活污水处理项目运行资金使用台账。

2. 价格管理

G 区物价局开展对 G 区农户生活污水处理付费意愿的调查，广泛收集 G 区农户意见，为科学、准确地测算 G 区农户的可承受价格做好准备。

G 区物价局在制定农村生活污水处理费时，应综合考虑 G 区农村生活污水处理项目运行成本、G 区农户意愿表达和承受能力以及环境等因素，实行微利原则。G 区的农村生活污水处理费制度可以参考全成本定价法。同时，G 区物价局还应制定相应的补贴政策，对经济困难的 G 区农户给予适当的补贴。另外，根据 G 区经济发展、农户收入增长、P 技术服务公司绩效考核结果等因素的调整变化，G 区物价局可动态调整农村生活污水处理费以优化 G 区农村生活污水处理项目的运行效果。

3. 奖惩管理

G 区农村生活污水处理项目运行考核每年进行 6 次，根据考核成绩高低来支付 P 公司的运行费用，奖惩奖金占 P 公司运行总费用的 40%。依据《G 区农村生活污水处理设施管理考核细则》，G 区各政府部门对 P 技术服务公司农村生活污水处理项目运行现场、台账和出水水质等情况进行考核，形成相应的考核文件，作为 P 技术服务公司奖惩的依据。

G 区政府部门（水务局、环保局等部门）对 P 技术服务公司进行绩效考核，对省、市、区三级政府部门的考核结果分别赋予不同的权重值，最后计算生成 P 技术服务公司的考核结果。运行费用依据考核成绩高低进行支付。

6.3.4　G 区政府补偿机制

G 区农村生活污水处理项目运行补偿方式包括资金补偿方式和政策性补偿方式。在 G 区实际工作中优先选择资金补偿方式，同时结合政策性补偿方式。

1. 资金补偿方式

G 区的补偿资金主要通过三种途径筹集：(1) 各级政府的财政补助，来源分别为中央、省市级和 G 区级政府财政补助；(2) 财政转移支付，从 G 区收取的污水处理费中列支或财政安排，用于 G 区项目运行管理费用的补偿；(3) 设立 G 区农村生活污水处理项目运行补偿基金，G 区政府从农村基础设施建设基金中划出 20%，用于对 G 区农村生活污水处理项目运行费用的补偿。

2. 政策性补偿方式

除了资金补偿方式外，G 区政府部门（水务局、环保局等部门）还提供政策性补偿方式，其主要补偿形式包括税费优惠和提供技术培训。(1) 利率税费优惠。一方面，G 区商业银行等金融机构对 G 区农村生活污水处理项目运行过程中的贷款利率给予优惠，低于普通商业贷款的利率，从而降低 P 技术服务公司的财务成本。另一方面，G 区政府部门对 P 技术服务公司的部分税费、规费等实施减免优惠，从而减少 P 技术服务公司的运行费用。(2) 技术培训。G 区政府部门（水务局、环保局等部门）定期邀请技术专家为 P 技术服务公司、G 区农户和村委会等社会组织提供免费的技术培训和指导，以提高 P 技术服务公司的运行管理效率和 G 区公众参与管理监督G区农村生活污水处理项目运行的技术水平。

6.4 G区农村生活污水处理监测运行平台

6.4.1 G区农村生活污水处理信息运行平台

G区准市场化机制的信息运行平台见图6.8。

由图6.8可知,信息运行平台由G区现场监测单元、G区数据中心、G区监控中心、G区监管人员的智能手机客户端和G区远程集中监控管理平台构成。以公共网络为中心,通过专线接入、3G/4G网络来进行数据传输。

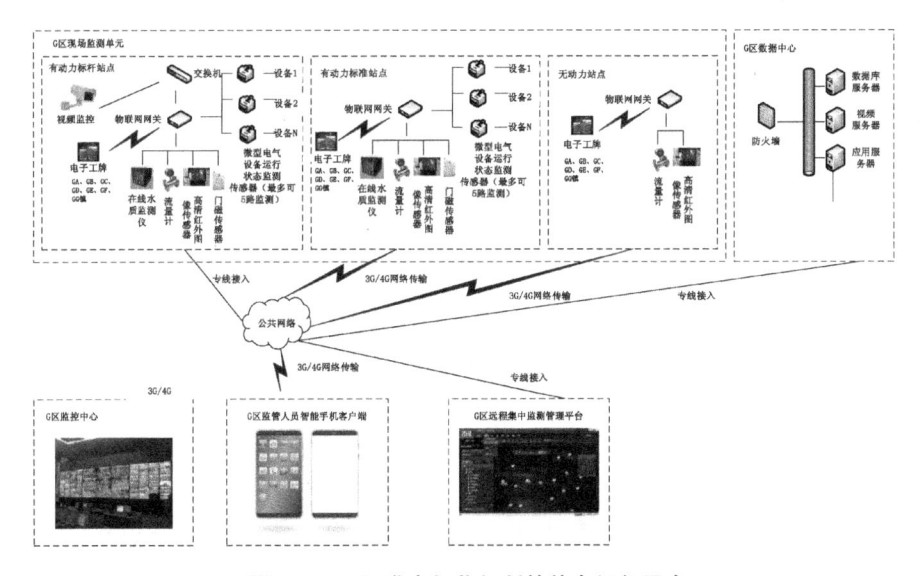

图6.8 G区准市场化机制的信息运行平台

6.4.2 G区农村生活污水处理管理运行平台

以改善G区农村水环境为目标,提高G区项目运行质量,按照"标准化运行中心、专业化运行团队、智能化管理平台、规范化项目管理"的标准要求开展G区农村生活污水处理项目运行工作,见图6.9。

1. 标准化运行中心

P技术服务公司根据G区水务局的要求打造高标准的运行中心,设立运行管理办公室、远程监控室、化验室和设备仓库四个职能部门。P技术服务公司运

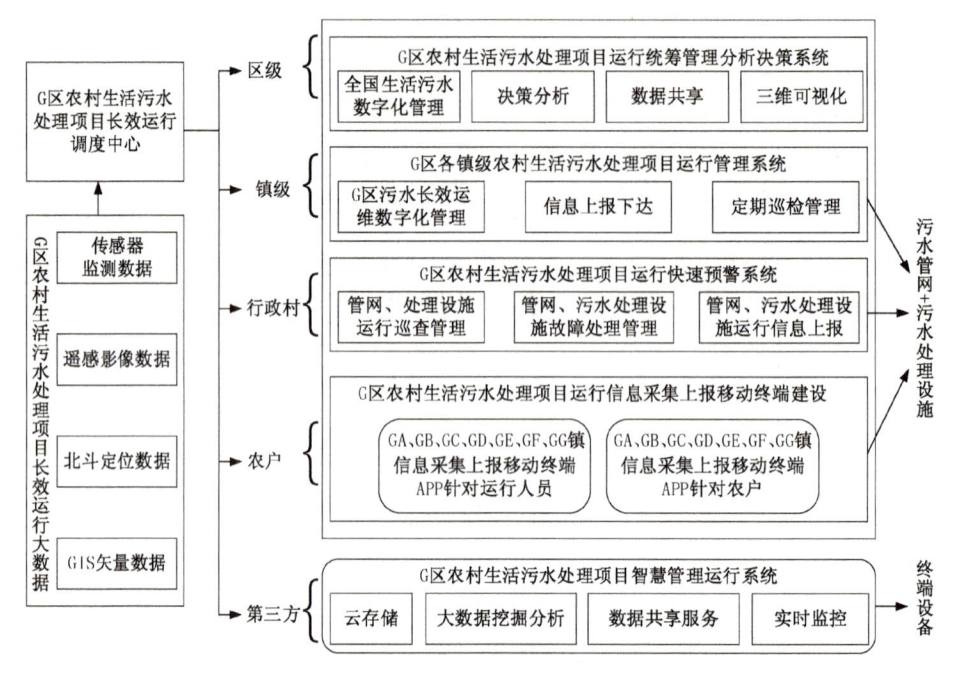

图 6.9　G 区准市场化机制的管理运行平台

行中心详细制定四个职能部门的工作职责和管理办法，要求各部门严格按照职责和管理办法开展工作，有效发挥运行中心的各项功能。

2. 智能化管理平台

P 技术服务公司以物联网和大数据为基础，升级 G 区农村生活污水处理项目运行智能化管理平台，并实现以下 5 大功能。（1）监控功能。智能化管理平台通过图像抓拍、视频监控、运行状态监控这三种方式，实现对 G 区 239 个农村生活污水处理项目运行站点的监控、档案查询、定位导航以及运行管理等全部功能，方便移动运行管理。（2）数据搜集功能。智能化管理平台对 G 区 239 个农村生活污水处理项目运行站点完成如下数据搜集工作：运行数据汇总收集、水质数据收集（在线检测与人工检测）、运行保养数据收集。（3）运行技术人员管理功能。智能化管理平台可实现对 P 技术服务公司技术人员考勤打卡，勾勒描绘技术人员活动轨迹，精确展示各运行技术小组的工作情况。P 公司运行技术人员通过手机 APP 登陆智能化管理平台，填报日常运行保养工作数据。（4）数据分析功能。智能化管理平台针对 G 区 239 个农村生活污水处理项目运行站点的日常数据进行分析并生成如下报表:减排量报表、水质检测分析报表、流量分析报表及区域水质报表等。(5)故障报警功能。通过物联网实现对G区239个农村生活污水处理项目运行站点的故障报警,例如在某个G区农村生活污水处理项目运行站点出现断电、断线、实际流量超设计流量2倍以上,污水处理设备异常运行等情况下自动报警。

3. 专业化运行团队

P技术服务公司组建一支由运行中心经理、设备主管、运维主管、电气技术员、运维员、中控员、化验员和站点养护员组成的专业化运行队伍,配备运维车辆和移动监测等运行设备。P公司运行中心根据岗位要求配备专业人员,对上岗人员定期进行专业化培训,因地制宜招聘G区当地养护员,实行岗位责任制。

4. 规范化项目管理

P技术服务公司制定G区项目运行管理办法,通过每日、每周、每月运行工作例会对各部门运行工作落实情况进行跟踪和控制,通过手机APP、车辆GPRS等智能软件对技术人员站点考勤和车辆轨迹进行动态跟踪,按规定时间对中心人员的运行工作进行评比。并且,P技术服务公司应制定G区项目现场运行工作管理办法和操作手册,明确运行人员日常工作内容、日常工作流程和站点故障报修程序。

6.4.3　G区农村生活污水处理绩效运行平台

G区准市场化机制的绩效运行平台见图6.10。

由图6.10可知,根据绩效考核流程图,依据《G区农村生活污水处理考核标准》《G区农村生活污水处理设施运行维护考核标准》《G区农村生活污水管网养护考核标准》等,G区水务局会同G区环保局、G区财政局等政府部门组织开展了对G区239个农村生活污水处理项目运行工作的绩效考核。考核对象包括GA、GB、GC、GD、GE、GF、GG镇政府以及P技术服务公司。

1. 对GA、GB、GC、GD、GE、GF、GG镇政府进行考核

(1)考核办法

按照《G区农村生活污水处理项目考核标准》《G区农村生活污水处理项目运行考核标准》《G区农村生活污水项目管网养护考核标准》等,G区水务局会同

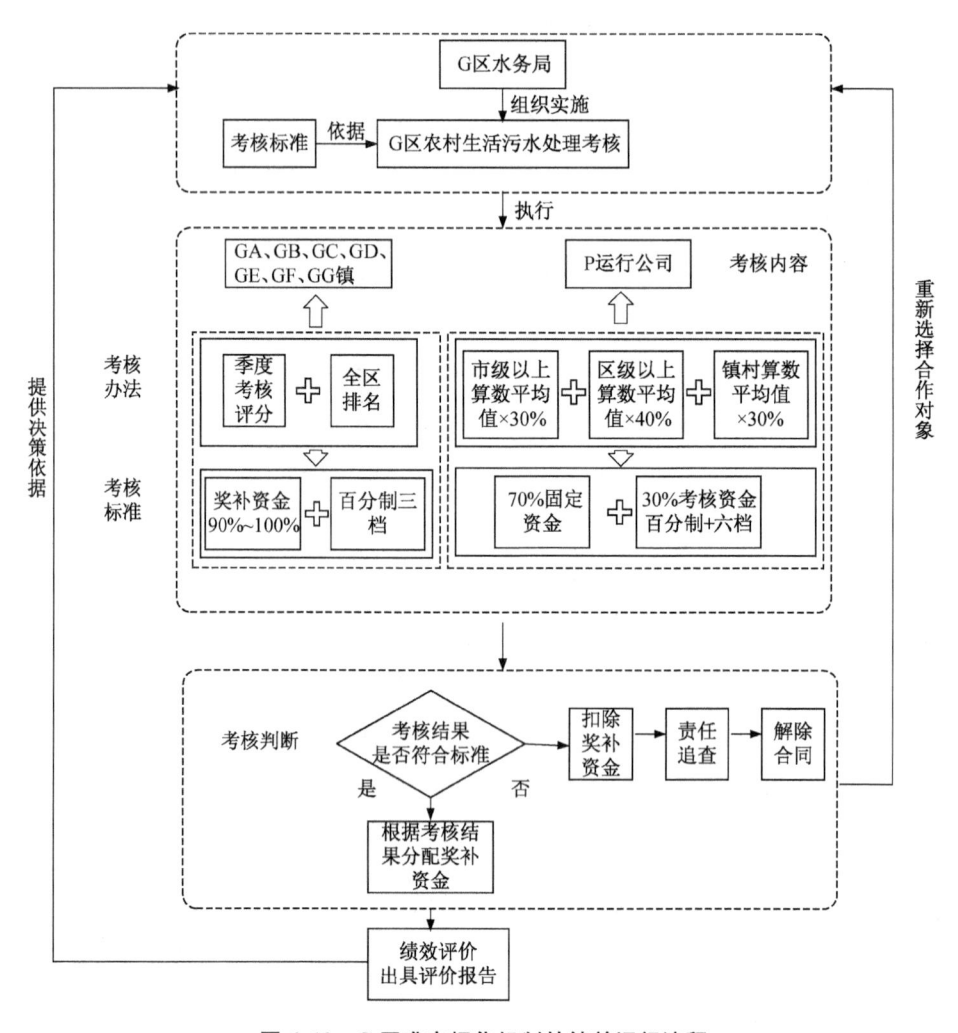

图 6.10　G 区准市场化机制的绩效运行流程

G 区环保局、G 区财政局等政府部门就 G 区农村生活污水处理项目的运行工作，每季度对 GA、GB、GC、GD、GE、GF、GG 镇政府进行绩效考核并评分，同时在 G 区进行先后排名。

（2）考核结果的运用

将 GA、GB、GC、GD、GE、GF、GG 镇考核结果划分三个档次，并相应分配奖补资金。G 区财政局根据各镇考核结果，分别向 GA、GB、GC、GD、GE、GF、GG 镇财政所下发奖补资金。G 区水务局向 GA、GB、GC、GD、GE、GF、GG 镇下发考核通报，按时间节点解决项目运行中存在的问题，保障项目正常运行。三档绩效考核结果具体划分如下:一档,评分在 90—100 分,按 100% 比例拨付;二档,评分在 80—89 分,按 95% 比例拨付;三档,评分在 79 分以下,按 90% 比例拨付。

2. 对 P 技术服务公司进行考核

(1) 考核办法

市级(即 N 市)政府部门、G 区政府部门(水务局、环保局等部门)、GA、GB、GC、GD、GE、GF、GG 镇政府分别对 P 技术服务公司进行绩效考核,对以上三级政府部门的考核结果分别赋予不同的权重值,最后计算生成 P 技术服务公司的考核结果。具体考核办法如下:

① N 市政府部门,按季度对 G 区 239 个运行工作进行考核,随机抽取 10 个 G 区农村生活污水处理项目运行站点,并打分考核。G 区政府部门(水务局、环保局等部门),按季度对全区 239 个项目运行工作进行考核,G 区水务局会同其他政府部门依据考核办法对 P 技术服务公司实施考核,随机抽取 G 区 70 个项目运行站点,并打分考核。

② G 区政府部门:依据考核办法,按季度对各镇全部农村生活污水处理项目运行站点实施打分考核。

③ N 市政府部门,G 区政府部门(水务局、环保局等部门),GA、GB、GC、GD、GE、GF、GG 镇政府考核结果权重分配见表 6.2。

表 6.2 各级政府考核结果权重分配表

层级	权重	备注
N 市政府部门	30%	按季考核
G 区政府部门(水务局、环保局等部门)	40%	按季考核
GA、GB、GC、GD、GE、GF、GG 镇政府	30%	按季考核

(2) 考核结果运用

GA、GB、GC、GD、GE、GF、GG 镇政府在与 P 技术服务公司签订的委托代理合同中约定,G 区农村生活污水处理项目运行管理费用每季度支付合同约定金额的 70%,其余 30% 的运行管理费用根据每季度 P 技术服务公司绩效的考核结果进行支付。将 P 技术服务公司每季度的考核结果划分为六档,具体划分及对应的支付比例如下:一档,评分在 90 分及以上,按 100% 比例拨付;二档,评分在 85—89 分,按 95% 比例拨付;三档,评分在 80—84 分,按 90% 比例拨付;四档,评分在75—79分,按85%比例拨付;五档,评分在70—74分,按80%比例拨付;六档:评分在70分以下,按70%比例拨付。同时在委托代理合同中约定,若发生以下情况将全额扣除30%运行管理费用:① 出现重大安全责任事故或重大生产责任事故造成停产、人员伤害、设施损坏等;② 在当季度N市级条线检查考核中,被通报批评或未在规定时间内按照要求进行整改的。

最后,通过G区农村生活污水处理项目运行的准市场化应用,实现了G区农村生活污水处理项目政府部门、第三方公司、农户和社会组织的全面参与,提高了项目运行效率,保证了项目出水稳定高效。

6.5 本章小结

本章以G区农村生活污水处理项目运行为应用对象,针对G区农村生活污水处理项目现状和问题,建立了"G区政府部门引导、P技术服务公司为主、G区公众广泛参与"的参与机制,设计了G区农村生活污水项目运行的准市场化运行机制,构建了G区农村生活污水处理项目的准市场化机制的信息运行平台、管理运行平台、绩效运行平台三个准市场化监测运行平台,最终实现了项目的稳定运行。

第 7 章

结论与展望

我国农村地区作为生态文明建设的重点领域,是建设美丽中国不可或缺的前提基础。2013年中央一号文件首次提出建设"美丽乡村"的奋斗目标,体现我国对于乡村建设的高度重视。2018年中央一号文件聚焦乡村振兴战略,生态宜居是乡村振兴的关键,而农村生活污水处理又是生态宜居的重要组成部分。农村生活污水处理项目是改善农村人居环境、建设美丽宜居乡村的重要组成部分,是实施乡村振兴战略的一项重要任务。我国农村地域辽阔,居住地分散,离城镇市政管网较远,相应的环保基础设施建设比较滞后。在城市应用的一些成熟或先进的污水处理技术,由于较低的农村生活污水纳管率以及处理技术本身涉及的维护、运行费用和操作管理要求等,不一定能在农村适用。因此,对农村生活污水处理技术做出科学合理的技术评估并进行相应的推广应用研究,将有助于农村生活污水处理项目的建设与运行。

本书从研究背景入手,提出研究问题、目的与意义,对农村生活污水处理项目的属性、特征等方面进行了分析,在此基础上构建了博弈模型并对其做了分析;进行农村生活污水处理技术评估,并选择了农村生活污水技术评估方法,构建了农村生活污水处理的技术评估思路及指标体系,通过模型演算做出科学合理的技术评估;在技术评估的基础之上,设计农村生活污水处理机制,最后开展了对农村生活污水处理的案例研究。本书在研究上采用多学科交叉,定性和定量分析相结合等方法,得出了以下几方面研究结论。

7.1 结论

1. 剖析了农村生活污水处理项目属性与特征运行机理

分析农村生活污水处理项目的准公共产品属性、社会与生态环境属性和经济属性,得出项目具有运行成本高和收益低、多目标交织、多主体冲突的特征。界定了农村生活污水处理项目运行活动中的四类利益相关主体:政府部门、第三方技术服务公司、农户和社会组织。研究了各主体角色、分类和行为,运用演化博弈模型对农村生活污水处理进行了仿真模拟分析。

2. 构建农村生活污水处理技术评估方法

对农村生活污水处理项目四种模式及其优缺点进行分析,在确定农村生活污水处理技术评估思路的基础之上,从管理指标、技术指标、经济指标、环境指标、生态指标5个维度构建农村生活污水处理技术评估综合指标体系,建立农村生活污水处理 AHP+PROMETHEE 模型评估方法,定量得出农村生活污水处理技术评估结果。

3. 基于技术评估结果设计农村生活污水处理机制

基于技术评估结果开展农村生活污水处理机制设计,提出了农村生活污水处理机制设计框架,设计了农村生活污水处理参与机制、运行管理机制、保障机制,最后形成了以信息运行平台、管理运行平台、绩效运行平台为基础的农村生活污水处理监测运行平台,层层推进、相互支撑、系统解决。

4. 开展 G 区农村生活污水处理案例应用研究

以 G 区农村生活污水处理项目为案例应用对象,在分析 G 区农村生活污水处理项目问题、特点和运行特征的基础上,进行 G 区农村生活污水处理设计。首先,建立"G 区政府部门引导、P 技术服务公司为主、G 区公众广泛参与"的参与机制和运行管理机制,然后构建了 G 区农村生活污水处理机制的管理运行平台、绩效运行平台、信息运行平台三个准市场化监测运行平台,最终实现 G 区农村生活污水处理项目的稳定有序运行。

7.2 展望

本书从系统综合角度出发,对农村生活污水处理项目的属性、特征等方面进行了分析,在此基础上构建了博弈模型并对其做了分析;进行农村生活污水处理技术评估,并选择了农村生活污水技术评估方法,构建了农村生活污水处理的技术评估思路及指标体系,通过模型演算做出科学合理的技术评估;在技术评估的基础之上,设计农村生活污水处理机制,最后开展了对农村生活污水处理案例的应用研究。本书在理论和实践方面具有一些的价值,但限于个人能力及客观条件的限制,一些问题尚未进行充分、深入的研究,故今后将重点围绕着以下三个方面开展具体研究:

(1)随着国家的高度重视和农村生态宜居的建设,各地政府纷纷上马农村生活污水处理项目,但由于农村生活污水处理项目开展工作还处于经验总结阶段,理论和实践上对该类项目的运行机制研究尚未形成体系,本研究是基于有限的项目调研,形成的研究成果是否能在全国范围内广泛推广,是否能够形成一般性的机制框架,还需要增加调研样本和扩展调研范围,进而为今后深入研究奠定基础。

(2)本研究构建了农村生活污水处理的技术评估方法,筛选了关键指标,但关键指标选取的科学性仍需进一步研究,以使得关键指标的筛选更加符合实际。

(3)本研究未来将结合农村生活污水处理项目范围广、数量多、问题复杂的特点,结合项目运行管理信息系统,探讨大数据驱动下的农村生活污水处理机制的设计。

参考文献

[1] 陈雷.落实绿色发展理念全面推行河长制河湖管理模式[J].水利发展研究,2016,(12):3-5.

[2] Berendes D M, Sumner T A, Brown J M. Safely managed sanitation for all means fecal sludge management for at least 1.8 billion people in low and middle income countries[J]. Environmental Science & Technology, 2017, 51(5):3074-3083.

[3] Massoud M A, Tarhini A, Nasr J A. Decentralized approaches to wastewater treatment and management: applicability in developing countries[J]. Journal of environmental management, 2009, 90(1): 652-659.

[4] 杨晓英,袁晋,姚明星,等.中国农村生活污水处理现状与发展对策-以苏南农村为例[J].复旦学报(自然科学版),2016,55(2):183-188.

[5] Zhang K, Wen Z. Review and challenges of policies of environmental protection and sustainable development in China[J]. Journal of Environmental Management, 2008,88(4):1249-1261.

[6] Todd L, Kallbekken S, Kroll S. Accepting market failure: Cultural worldviews and the opposition to corrective environmental policies[J]. Journal of Environmental Economics and Management, 2017, 85: 193-204.

[7] 鞠昌华,张卫东,朱琳,等.我国农村生活污水治理问题及对策研究[J].环

境保护,2016,44(6):49-52.

[8] Freeman R E. Strategic Management: A Stakeholder Approach[M]. Boston: Pitman, 1984.

[9] Charkham J P. Corporate Governance: Lessons from abroad [J]. European Business Journal, 1992, 4(2):8-16.

[10] Donaldson T, Preston L E. The stakeholder theory of the corporation: Concepts, evidence, and implications[J]. Academy of management Review, 1995, 20(1):65-91.

[11] Frooman J. Stakeholder influence strategies[J]. Academy of management review, 1999, 24(2): 191-205.

[12] Zhao J L, Zhang Q Q, Chen F, et al. Evaluation of triclosan and triclocarban at river basin scale using monitoring and modeling tools: implications for controlling of urban domestic sewage discharge[J]. Water research, 2013, 47(1):395-405.

[13] Dubber D, Gill L W. Suitability of fluorescent whitening compounds (FWCs) as indicators of human faecal contamination from septic tanks in rural catchments[J]. Water research, 2017, 127:104-117.

[14] Lam L, Kurisu K, Hanaki K. Comparative environmental impacts of source-separation systems for domestic wastewater management in rural China[J]. Journal of Cleaner Production, 2015, 104:185-198.

[15] Yue J, Jiang X, Yuan X, et al. Design of a multiplexed system for domestic wastewater of Happy Farmer's Home (HFH) and environmental evaluation using the emergy analysis[J]. Journal of Cleaner Production, 2017, 156:729-740.

[16] 刘平养,沈哲.农村生活污水处理的成本有效性研究:问题及展望[J].复旦学报(自然科学版),2015 (1): 91-97.

[17] Sun C, Liu W, Zou W. Water Poverty in Urban and Rural China Considered Through the Harmonious and Developmental Ability Model[J]. Water resources management,2016,30(7):2547-2567.

[18] Kalbar P P, Karmakar S, Asolekar S R. Selection of an appropriate wastewater treatment technology: a scenario-based multiple-attribute decision-making approach[J]. Journal of Environmental Management, 2012, 113(1):158.

[19] 黄天寅,马奕,吴玮,等. 苏州地区农村生活污水治理长效管理机制与对策[J]. 中国给水排水, 2012,28(12):9-14.

[20] 范денis,李坤,王亚娟,等. 农村生活污水收集与处理模式的探讨[J]. 环境工程, 2014(s1):169-171.

[21] Gu B, Fan L, Ying Z, et al. Socioeconomic constraints on the technological choices in rural sewage treatment[J]. Environmental Science and Pollution Research, 2016, 23(20):20360-20367.

[22] Lehtoranta S, Vilpas R, Mattila T J. Comparison of carbon footprints and eutrophication impacts of rural on-site wastewater treatment plants in Finland[J]. Journal of cleaner production, 2014, 65:439-446.

[23] 陈建军,雷玉新,刘松,等. 单个农户灰水的生态处理工艺设计与运行[J]. 中国给水排水, 2015, 31(5):87-90.

[24] Ye F, Li Y. Enhancement of nitrogen removal in towery hybrid constructed wetland to treat domestic wastewater for small rural communities[J]. Ecological Engineering,2009,35(7):1043-1050.

[25] Lu S, Zhang X, Wang J, et al. Impacts of different media on constructed wetlands for rural household sewage treatment[J]. Journal of Cleaner Production, 2016, 127:325-330.

[26] Gong L, Jun L, Yang Q, et al. Biomass characteristics and simultaneous nitrification-denitrification under long sludge retention time in an integrated reactor treating rural domestic sewage[J]. Bioresource technology, 2012, 119:277-284.

[27] Pan L T, Han Y. A novel anoxic-aerobic biofilter process using new composite packing material for the treatment of rural domestic wastewater[J]. Water Science and Technology, 2016, 73(10):2486-2492.

[28] Sun Y, Chen Z, Wu G, et al. Characteristics of water quality of municipal wastewater treatment plants in China: implications for resources utilization and management[J]. Journal of Cleaner Production, 2016, 131:1-9.

[29] 郝前进,张苹. 农村生活污水治理示范工程的成本有效性研究——以上海和苏南地区为例[J]. 中国人口·资源与环境,2010,20(1):108-111.

[30] 陈辉华,王孟钧,朱慧. 政府投资项目决策体系及运行机制分析[J]. 科技进步与对策,2008,25(10):87-90.

[31] He Y, Wang R, Liviu G, et al. An integrated algal-bacterial system for the bio-conversion of wheat bran and treatment of rural domestic effluent[J]. Journal of Cleaner Production, 2017, 165:458-467.

[32] 武璐,王浙明,何志桥,等. 浙江省农村生活污水治理设施的长效管理机制研究[J]. 环境科学与管理,2015,40(11):6-9.

[33] 吴泽斌,周春. 农村公共服务外包利益相关主体之间的冲突矛盾与调适策略[J]. 农业与技术,2017,37(17):151-153.

[34] 向鹏成,邹龙. 跨区域公共工程项目组织运行机制[J]. 科技进步与对策,2012,29(18):26-29.

[35] 刘洪先. 关于建立农村饮水安全工程长效运行机制的思考和建议[J]. 水利发展研究,2011,11(1):25-30.

[36] Ling L G, Ying Q, Tseng M L. The interaction effects of environmental regulation and technological innovation on regional green growth performance[J]. Journal of Cleaner Production, 2017, 162:894-902.

[37] 匡耀求,黄宁生. 中国水资源利用与水环境保护研究的若干问题[J]. 中国人口·资源与环境,2013,23(4):29-33.

[38] Ranerup A, Norén L. How are citizens' public service choices supported in quasi-markets? [J]. International Journal of Information Management, 2015, 35(5):527-537.

[39] Collinge R A, Bailey M J. Optimal quasi-market choice in the presence of pollution externalities[J]. Journal of Environmental Economics and

Management, 1983, 10(3): 221-232.

[40] Wichman C J. Incentives, green preferences, and private provision of impure public goods[J]. Journal of Environmental Economics & Management, 2016, 79:208-220.

[41] Liu M, Shadbegian R, Zhang B. Does environmental regulation affect labor demand in China? Evidence from the textile printing and dyeing industry[J]. Journal of Environmental Economics and Management, 2017, 86: 277-294.

[42] 曲延春. 农村公共产品市场化供给中的公共性流失及其治理——基于农村水利市场化的分析[J]. 中国行政管理, 2014, 5:73-76.

[43] Baumgärtner S, Drupp M A, Meya J N, et al. Income inequality and willingness to pay for environmental public goods[J]. Journal of Environmental Economics and Management, 2017, 85: 35-61.

[44] Kuminoff N V, Parmeter C F, Pope J C. Which hedonic models can we trust to recover the marginal willingness to pay for environmental amenities? [J]. Journal of Environmental Economics and Management, 2010, 60(3): 145-160.

[45] 常亮, 徐大伟, 侯铁珊, 等. 流域生态补偿中的水资源准市场交易机制研究[J]. 工业技术经济, 2012(12):52-59.

[46] Zheng J, Lienert J. Stakeholder interviews with two MAVT preference elicitation philosophies in a Swiss water infrastructure decision: Aggregation using SWING-weighting and disaggregation using UTAGMS[J]. European Journal of Operational Research, 2018,267.

[47] Prouty C, Koenig E S, Wells E C, et al. Rapid assessment framework for modeling stakeholder involvement in infrastructure development[J]. Sustainable Cities & Society, 2017, 29:130-138.

[48] Hauck J, Görg C, Varjopuro R, et al. Benefits and limitations of the ecosystem services concept in environmental policy and decision making: some stakeholder perspectives[J]. Environmental Science & Policy,

2013, 25:13-21.

[49] Zhou D, Wang Z, Lassoie J, et al. Changing stakeholder relationships in nature reserve management: A case study on Snake Island-Laotie Mountain National Nature Reserve, Liaoning, China[J]. Journal of Environmental Management, 2014, 146(146):292-302.

[50] Starkl M, Brunner N, Amerasinghe P, et al. Stakeholder Views, Financing and Policy Implications for Reuse of Wastewater for Irrigation: A Case from Hyderabad, India[J]. Water, 2015, 7(1):300-328.

[51] Skambraks A K, Kjerstadius H, Meier M, et al. Source separation sewage systems as a trend in urban wastewater management: Drivers for the implementation of pilot areas in Northern Europe[J]. Sustainable Cities & Society, 2017, 28:287-296.

[52] Waligo V M, Clarke J, Hawkins R. Implementing sustainable tourism: A multi-stakeholder involvement management framework[J]. Tourism management, 2013, 36: 342-353.

[53] Mastromonaco R. Do environmental right-to-know laws affect markets? Capitalization of information in the toxic release inventory[J]. Journal of Environmental Economics and Management, 2015, 71: 54-70.

[54] Li G, He Q, Shao S, et al. Environmental non-governmental organizations and urban environmental governance: Evidence from China[J]. Journal of environmental management, 2018, 206: 1296-1307.

[55] Kevany K, Huisingh D. A review of progress in empowerment of women in rural water management decision-making processes[J]. Journal of Cleaner Production, 2013, 60(6):53-64.

[56] 丰景春，李娟，耿秀. 江苏省新农村建设基础设施项目管理与维护研究[J]. 水利经济, 2009, 27(6):55-59.

[57] 梁昊. 一事一议财政奖补项目后续管护机制研究[J]. 财政研究, 2013(6):31-34.

[58] 邢伟济，张瑞锋. 浙江省文成县小型农田水利工程建后管护的问题与思

考[J]. 水利发展研究, 2009, 9(7):62-64.

[59] 杨乐民. 对国有福利机构实现运行机制市场化的思考[J]. 经济师, 2012(11):44-45.

[60] 沈志荣,沈荣华. 公共服务市场化:政府与市场关系再思考[J]. 中国行政管理,2016(3):65-70.

[61] Grand J L, Bartlett W. Introduction [M]// Grand J L, Bartlett W. Quasi-Markets and Social Policy. Basingstoke, Hampshire: Macmillan Press,1993:1-12.

[62] Kähkönen L. Quasi-Markets, Competition and Market Failures in Local Government Services [J]. Christian Science Monitor, 2004, 8(3):31-47.

[63] 李雪萍. 论城市社区公共产品的准市场机制供给[J]. 华中师范大学学报(人文社会科学版), 2009 (3): 27-31.

[64] 覃永琳. 村镇供水工程准市场运作探讨[J]. 中国农村水利水电, 2003(12): 27-28.

[65] 罗慧,李良序,王梅华,等. 水权准市场交易模型及市场均衡分析[J]. 水利学报, 2006, 37(4): 492-498.

[66] Struyven L, Steurs G. Quasi-market reforms in employment and training services:first experiences and evaluation results[J]. Office for Official Publications of the European Communities, 2004:219-271.

[67] Bruttel O. Contracting-out and governance mechanisms in the public employment service [J]. Discussarch Unit Labor Market Policy & Employment, 2005, 122(11):378-384.

[68] Pop D, Radu R. Challenges to Local Authorities under EU Structural Funds:Evidence from Mixed Quasi-markets for Public Service Provision in Romania[J]. JCMS:Journal of Common Market Studies, 2013, 51(6):1108-1123.

[69] Ferlie E. The New Public Management in Action[M]. Oxford:Oxford University Press, 1996.

[70] 阳盛益,蔡旭昶,郁建兴. 政府购买就业培训服务的准市场机制及其应用[J]. 浙江大学学报(人文社会科学版), 2010, 40(5):73-81.

[71] Hughes J. Fair access and fee setting in English universities: what do institutional statements suggest about university strategiesin a stratified quasi-market? [J]. Studies in Higher Education, 2016, 41 (2): 269-287.

[72] Exley S. Are Quasi-markets in Education what the British Public Wants? [J]. Social Policy & Administration, 2014, 48(1):24-43.

[73] Hardy B, Wistow G. Securing Quality Through Contracts? The Development of Quasi-markets for Social Care in Britain[J]. Australian Journal of Public Administration, 1998, 57(2):25-35.

[74] Berkel R V. Quasi-markets and the Delivery of Activation -A Frontline Perspective[J]. Social Policy & Administration, 2014, 48(2):188-203.

[75] Chen-Yu Chang. Understanding the hold-up problem in the management of megaprojects: The case of the Channel Tunnel Rail Link project[J]. International Journal of Project Management,2013 (31): 628-637.

[76] Christ K L, Burritt R L. Water management accounting: A framework for corporate practice[J]. Journal of Cleaner Production, 2017, 152: 379-386.

[77] 侯艳红,王慧敏. 中国水管理制度变迁的研究——以南水北调东线工程水管理制度变迁为例[J]. 软科学, 2007, 21(2):64-66.

[78] 翁博. 我国准市场模式的溃败与政府责任缺失[J]. 东北大学学报(社会科学版),2010, 12(2):135-140.

[79] 席恒. 试论我国养老保险的准市场化运行[J]. 西北大学学报(哲学社会科学版), 2003, 33(4):48-51.

[80] 王毅敏,封铁英,段兴民. "责任导向型准市场化企业"改制思考[J]. 预测, 2003, 22(3):57-61.

[81] 明劲松,林子增. 国内外农村污水处理设施建设运营现状与思考[J]. 环境科技, 2016, 29(6):66-69.

[82] 王磊.沈阳市农村污水处理设施运营管理机制研究[J].环境保护科学,2015,41(2):17-20.

[83] 黄文飞,韦彦斐,王红晓,等.美国分散式农村污水治理政策、技术及启示[J].环境保护,2016,44(7):63-65.

[84] 郑孜文,张莹,李志刚.惠州市惠城区农村生活污水处理现状、问题及对策[J].给水排水,2016,42(s1):52-55.

[85] 黄治平,张克强,胥福京,等.巢湖流域农村生活污水处理设施运行管理机制的探讨[J].农业资源与环境学报,2012,29(1):1-5.

[86] 马静颖,詹建益."五水共治"背景下浙江省农村生活污水处理现状分析研究[J].环境科学与管理,2016,41(2):64-68.

[87] Samuelson P A. The pure theory of public expenditures[J]. The Review of Economics and Statistics,1954,36:387-389.

[88] 朱柏铭.公共经济学[M].杭州:浙江大学出版社,2002.

[89] 张玉,赵玉,熊国保.生活污水处理的成本定价研究-基于污水处理成本与处理量关系分析[J].价格理论与实践,2017(10):96-99.

[90] 肖萍,朱国华.农村环境污染第三方治理契约研究[J].农村经济,2016(4):104-108.

[91] 尚晓援."社会福利"与"社会保障"再认识[J].中国社会科学,2001(3):113-121.

[92] 洪大用.我国城乡二元控制体系与环境问题[J].中国人民大学学报,2000,14(1):62-66.

[93] 高建华.区域公共管理视域下地方政府职能定位及其行为选择[J].国家行政学院学报,2012(3):89-92.

[94] 陈晓永,张云.环境公共产品的政府责任主体地位和边界辨析[J].河北经贸大学学报,2015,2:35-39.

[95] 于潇,孙小霞,郑逸芳,等.农村水环境网络治理思路分析[J].生态经济,2015,31(5):150-154.

[96] 司国良,周广礼,胡啸,等.村镇污水处理设施运营管理对策的探讨[J].中国人口·资源与环境,2014(S2):240-242.

[97] Zhang Y, Yang Q, Lv D. A case study on a quasi-market mechanism for water resources allocation using laboratory experiments: the South-to-North Water Transfer Project, China[J]. Water Policy, 2015, 17(3):409-422.

[98] 郑开元,李雪松. 基于公共物品理论的农村水环境治理机制研究[J]. 生态经济(中文版),2012(3):162-165.

[99] Clarkson M E. A stakeholder framework for analyzing and evaluating corporate social perfor-mance[J]. Academy of management review, 1995,20(1): 92-117.

[100] Reed M S, Graves A, Dandy N, et al. Who's in and why? A typology of stakeholder analysis methods for natural resource management[J]. Journal of environmental management, 2009, 90(5): 1933-1949.

[101] Elias A A. A system dynamics model for stakeholder analysis in environmental conflicts[J]. Journal of Environmental Planning and Management,2012,55(3):387-406.

[102] 崔晓芳,王文昌. 农村公共物品协同供给运行机理:基于利益相关主体的分析[J]. 生产力研究, 2017 (8): 42-45.

[103] 沈费伟,刘祖云. 农村环境善治的逻辑重塑-基于利益相关主体理论的分析[J]. 中国人口·资源与环境, 2016 (5): 32-38.

[104] 杜焱强,苏时鹏,孙小霞. 农村水环境治理的非合作博弈均衡分析[J]. 资源开发与市场, 2015, 31(3): 321-326.

[105] 陈晓宏,陈栋为,陈伯浩,等. 农村水污染治理驱动因素的利益相关主体识别[J]. 生态环境学报,2011,20(8): 1273-1277.

[106] 雷杰. 农村环境保护中的农民主体性研究[D]. 河北大学硕士论文,2014.

[107] 郜彗. 北方典型农村人居生态基础设施关键技术集成与适应性管理研究[D]. 北京:中国科学院大学,2015.

[108] 葛察忠,程翠云,董战峰. 环境污染第三方治理问题及发展思路探析[J]. 环境保护,2014,42(20):28-30.

[109] 骆建华. 环境污染第三方治理的发展及完善建议[J]. 环境保护, 2014, 42(20):15-19.

[110] 张全. 以第三方治理为方向加快推进环境治理机制改革[J]. 环境保护, 2014, 42(20):31-33.

[111] 刘新宇. 社会管理创新背景下深化社会组织环保参与的研究[J]. 社会科学, 2012(8):78-86.

[112] Savage G T, Nix T W, Whitehead C J, et al. Strategies for assessing and managing organizational stakeholders[J]. The executive, 1991, 5(2):61-75.

[113] Clarkson M. A risk based model of stakeholder theory[C]. Proceedings of the second Toronto conference on stakeholder theory, 1994:18-19.

[114] Mitchell R K, Agle B R, Wood D J. Toward a theory of stakeholder identification and salience: Defining the principle of who and what really counts[J]. Academy of management review, 1997, 22(4):853-886.

[115] Wheeler D, Sillanpa M. Including the stakeholders: the business case [J]. Long Range Planning, 1998, 31(2):201-210.

[116] Su C, Mitchell R K, Sirgy M J. Enabling guanxi management in China: A hierarchical stakeholder model of effective guanxi[J]. Journal of Business Ethics, 2007, 71(3):301-319.

[117] 贾生华, 陈宏辉. 利益相关主体管理:新经济时代的管理哲学[J]. 软科学, 2003, 17(1):39-42.

[118] 嵇欣. 国外农村生活污水分散治理管理经验的启示[J]. 中国环保产业, 2010(2):57-61.

[119] 严岩, 孙宇飞, 董正举, 等. 美国农村污水管理经验及对我国的启示[J]. 环境保护, 2008, 1(15):65-67.

[120] 沈哲, 黄劼, 刘平养. 治理农村生活污水的国际经验借鉴-基于美国、欧盟和日本模式的比较[J]. 价格理论与实践, 2013(2):49-50.

[121] 范彬, 武洁玮, 刘超, 等. 美国和日本乡村污水治理的组织管理与启示

[J]. 中国给水排水,2009,25(10):6-10.

[122] 刘兰岚,郝晓雯. 日本的分散式污水处理设施[J]. 安徽农业科学,2011,39(27):16 714-16 715.

[123] 夏玉立,夏训峰,王丽君,等. 国外农村生活污水治理经验及对我国的启示[J]. 小城镇建设,2016 (10):20-24.

[124] 徐慧娟. 徒骇河、马颊河流域农村生活污水处理技术及设施运营管理模式研究[D]. 青岛:青岛理工大学,2016.

[125] T. L. Saaty. The Analytic Hierarchy Process [M], New York, McGraw-Hill Inc, 1980.

[126] Kessili A S. Benmamar, Prioritizing sewer rehabilitation projects using AHP-PROMETHEE II ranking method [J]. Water Science and Technology, 2016, 73(2):283-291.

[127] Behzadian M, Kazemzadeh R B, Albadvi A, et al. PROMETHEE: A comprehensive literature review on methodologies and applications[J]. European Journal of Operational Research,2010, 200(1):198-215.

[128] Perny P, Roy B. The use of fuzzy outranking relation in preference modeling[J]. Fuzzy Sets and Systems,1992(49):33-53.

[129] Al-Shemmeri, Al-Kloub T B, Pearman A. Model choice in multicriteria decision aid [J]. European Journal of Operational Research, 1997, 97(3):550-560.

[130] Wehn U, Montalvo C. Exploring the dynamics of water innovation: Foundations for water innovation studies[J]. Journal of Cleaner Production, 2017, 171(S):1-19.

[131] Ansink E, Houba H. Market power in water markets[J]. Journal of Environmental Economics and Management, 2012, 64(2):237-252.

[132] Jiang Y, Cai W, Du P, et al. Virtual water in interprovincial trade with implications for China's water policy[J]. Journal of Cleaner Production, 2015, 87(1):655-665.

[133] Dumay X, Dupriez V. Educational quasi-markets, school effectiveness

[134] Brenna E. Quasi-market and cost-containment in Beveridge systems: the Lombardy model of Italy[J]. Health policy, 2011, 103(2): 209-218.

[135] Trivellato B, Bassoli M, Catalano S L. Can Quasi-market and Multi-level Governance Co - exist? Insights from the Case of Lombardy's Employment Services System[J]. Social Policy & Administration, 2015, 51: 697-718.

[136] Dowding K, John P. The value of choice in public policy[J]. Public Administration, 2009, 87(2): 219-233.

[137] 陈江. 西方公共服务"准"市场化合约研究[J]. 国外社会科学, 2012(1): 78-84.

[138] 张泓. 城市轨道交通准市场化投融资模式研究[J]. 经济学家, 2012(10): 101-104.

[139] Euler J, Heldt S. From information to participation and self-organization: Visions for European river basin management[J]. Science of the Total Environment, 2018, 621: 905-914.

[140] 何杨平, 姚若辉. 发展生态产业链的激励机制研究[J]. 华南师范大学学报(社会科学版), 2014(4): 108-112.

[141] Heijden J V D, Heuvelhof E T. The Mechanics of Virtue: Lessons on Public Participation from Implementing the Water Framework Directive in the Netherlands[J]. Environmental Policy & Governance, 2012, 22(3): 177-188.

[142] 邹伟进, 裴宏伟, 王进. 基于委托代理模型的企业环境行为研究[J]. 中国人口·资源与环境, 2014, 24(3): 60-63.

[143] Hurst H. Problems with the reconciliation of good ecological status and public participation in the Water Framework Directive[J]. Science of the Total Environment, 2012, 433(9): 482-490.

[144] Blackstock K L, Kelly G J, Horsey B L. Developing and applying a framework to evaluate participatory research for sustainability[J]. Ecological Economics, 2007, 60(4):726-742.

[145] 张国庆. 行政管理中的组织、人事与决策[M]. 北京:北京大学出版社, 1990.

[146] 周庆,崔翀,杨敏行. 公众参与的互动型城市设计-以香港中环新海滨城市设计为例[J]. 城市发展研究, 2013, 20(6):49-57.

[147] Arnstein S R. A Ladder Of Citizen Participation[J]. Journal of the American Institute of Planners, 1969, 35(4):216-224.

[148] Budryte P, Heldt S, Denecke M. Foundations of the participatory approach in the Mekong River basin management[J]. Science of the Total Environment, 2017, 622-623:349.

[149] Luyet V, Schlaepfer R, Parlange M B, et al. A framework to implement Stakeholder participation in environmental projects[J]. Journal of Environmental Management,2012,111(6):213-219.

[150] Martinez-Granados D, Calatrava J. Combining economic policy instruments with desalinisation to reduce overdraft in the Spanish Alto Guadalentin aquifer[J]. Water Policy, 2017, 19(2):341-357.

[151] 郑志冰. 进一步完善我国农业补贴政策的思考[J]. 中央财经大学学报, 2007,12:18-22.

[152] 周颖,尹昌斌. 我国农业清洁生产补贴机制及激励政策研究[J]. 生态经济, 2009,11:149-152.

[153] Dong Y Q, Li C L, Li J, et al. A Game-theoretic Analysis of Implementation of Cleaner Production Policies in the Chinese Electroplating Industry[J]. Resources Conservation and Recycling, 2010, 54(12): 1442-1448.